Das Trocknen mit Luft und Dampf

Erklärungen, Formeln und Tabellen

für den praktischen Gebrauch

Von

E. Hausbrand

Baurat

Fünfte, stark vermehrte Auflage

Mit 6 Textfiguren, 9 lithographischen Tafeln und 35 Tabellen.

Springer-Verlag Berlin Heidelberg GmbH
1920

Additional material to this book can be downloaded from http://extras.springer.com

ISBN 978-3-662-24364-0 ISBN 978-3-662-26481-2 (eBook)
DOI 10.1007/978-3-662-26481-2

Ursprünglich erschienen bei Julius Springer in Berlin 1920.
Softcover reprint of the hardcover 5th edition 1920

Vorbemerkung.

Für die Berechnung der Anlagen zum Trocknen von wasserfeuchten Körpern durch Luft findet man einen Teil der theoretischen Unterlagen in einer Anzahl von Lehrbüchern, z. B. Péclet: Traité de la chaleur — Ferrini: Technologie der Wärme — Valerius — Schinz; allein alle die in jenen Büchern gegebenen Formeln und Nachrichten sind für den unmittelbaren Gebrauch nicht sehr bequem.

Dem ausführenden Techniker wäre aber hier auch damit noch nicht vollkommen gedient, wenn er mehr oder weniger bequeme Formeln erhielte, mit deren Hilfe er für jeden Fall die gewünschten Daten berechnen kann, weil beim Trocknen mit Luft deren steter, starker und schneller Wechsel an Temperatur und Feuchtigkeit die Bedingungen für dieselbe Anlage zu verschiedenen Zeiten so sehr verschieben kann, daß eine Berechnung der gewünschten Daten unter Zugrundelegung bestimmter Umstände nicht genügt. Die Rechnung muß vielmehr immer für mehrere Grenzfälle durchgeführt werden, was ziemlich umständlich und zeitraubend ist.

Es ist viel angenehmer, die notwendigen Angaben gleich ausgerechnet in Tabellen zu finden, um so mehr als die der ruhigen Betrachtung unterbreiteten Resultate einer Tabelle einen Überblick über die Wirkung aller Umstände gewähren, welchen einzelne, willkürlich berechnete Werte nie schaffen können. Erst die mühelose Erkenntnis der Wirkungen, welche alle in Betracht kommenden Faktoren bei ihrer jeweiligen Veränderung ausüben, gestattet die richtige Wahl der gesamten Anordnung und der einzelnen Mittel zur sicheren Erreichung des vorgesteckten Zieles.

Man wird bei der Erörterung der Bedingungen für das Trocknen mit Luft leicht auf das Trocknen ohne Luft, mit mit Dampf allein, geführt; aber es ist mir nicht bekannt geworden, daß die Kreislaufverdampfung, wie es hier in dem Abschnitt 5 und in Tabelle XI geschieht, an irgendeinem Orte besprochen oder erwähnt ist, und ich darf daher annehmen, daß diese Betrachtungen neu sind. Es wäre zu wünschen, daß die Vorteile dieser Methode bekannt würden und zu ihrer reichlichen Anwendung führen möchten.

Aus der lebhaften Empfindung für das oben Gesagte entsprang der Wunsch für die Beschaffung der Hilfsmittel zur bequemen Feststellung der Luft- und Wärmebedürfnisse der Trockenapparate. Mögen diese nun vorliegenden Angaben recht oft eine erwünschte Hilfe sein.

Vorwort zur fünften Auflage.

Der Inhalt der fünften Auflage dieses kleinen Buches ist gegenüber seiner Vorgängerin durch Vervollständigung des Textes, Vergrößerung der Tabellenzahl, Vermehrung der Tafeln erheblich erweitert worden.

Über das Verhältnis von Gleichstrom und Gegenstrom beim Trocknen, über den Vorteil des Abpressens oder Abschleuderns von Wasser vor dem Trocknen, über eine vervollkommnete Art der Berechnung von Trockenanlagen durch Schaubilder, über Luftzumischung zu Feuergasen, über Verdunstung des Wassers, über die Durchlässigkeit von Körnerhaufen, über die Luftbewegung in den Kanälen, Angaben über Schornsteine und deren Zug, über Luftschleudern, über die Wärmeaufnahme und den Wärmeverlust sind Erweiterungen der schon vorhandenen oder neue Abschnitte mit den dabei erwünschten Tabellen und Schaubildern aufgenommen worden, die, wie der Verfasser hofft, die Darstellung der Grundlagen des Trocknens mit Luft um Dampf nun ziemlich vollständig abrunden, wobei die auf S. 129 gegebene neue Berechnungsweise hoffentlich behilflich sein wird.

Berlin, im Sommer 1920.

Der Verfasser.

Inhalt.

Tabellen.

1. Einleitung.

Für eine Anzahl von gewerblichen Betrieben besteht das Bedürfnis, ihre Haupt- oder Nebenerzeugnisse mit Hilfe von Luft, die vor ihrer Verwendung künstlich erwärmt wird, zu trocknen.

Es gibt manche Gründe, die bei der Bemühung, den Stoffen Feuchtigkeit zu entziehen, dazu veranlassen können, die Luft als Vermittlerin zu wählen, anstatt die Körper direkt zu erwärmen und so, sei es bei Atmosphärendruck, sei es im luftverdünnten Raum, ihre Feuchtigkeit zu verdampfen.

Man wählt Lufttrocknung, weil entweder Gestalt und Art der zu trocknenden Stoffe es erschwert, den Körperteilen die zur Verdampfung notwendige Wärmemenge direkt zuzuführen, oder, weil die Bedingung besteht, die zu trocknenden Körper nicht über eine gewisse geringe Temperatur zu erhitzen, da sie im anderen Falle an Form, Aussehen oder Bestand Schaden erleiden würden, oder endlich, weil der Wunsch herrscht, das Trocknen langsam durch allmähliche Verdunstung zu bewirken, um Sprünge, Risse, Entfärbungen zu verhüten.

Die Luft, welche zum Trocknen verwendet werden soll, muß zunächst den zu trocknenden Stoff erwärmen, sodann dem zu verdunstenden Wasser die nötige Verdampfungswärme zuführen und endlich das verdunstete Wasser in sich aufnehmen.

Die warm in den Trockenraum tretende Luft verliert darin so viel von ihrem Wärmegehalt, als für die Erwärmung und Verdunstung verbraucht wird, sie verläßt also den Trockenraum immer kälter, als sie ihn betrat, ausgenommen in den in den Abschnitten 6 und 12 erörterten Fällen; aber sie muß bei ihrem Austritt doch noch so viel wärmer bleiben als beim Eintritt, daß sie bei ihrem dermaligen Temperaturgrade, ohne übersättigt zu sein, das verdunstete Wasser, neben ihrer ursprünglichen Feuchtigkeit, enthalten kann.

Die atmosphärische Luft enthält stets mehr oder weniger Wasser; selten ist sie damit ganz gesättigt[1]). Ihre Fähigkeit, Wasser aufzunehmen, steigt in erheblichem Maße mit ihrer

---

[1]) Die mittlere relative Luftfeuchtigkeit ist über den Kontinenten schwankend, in den kalten Jahres- und Tageszeiten im allgemeinen höher als in den warmen, auch zunehmend mit der nördlichen Lage der Länder und der Höhe der Orte über dem Meere. Es wird angegeben (J. Hann, Lehrbuch der Meteorologie S. 174, 1906) für Europa in Höhen von:

	im Frühling	Sommer	Herbst	Winter	im Jahre
300 m	75 %	67 %	77 %	83 %	75 %
2800 m	84 %	82 %	80 %	75 %	80 %

Svante Arrhenius teilt die Erde in Zonen von je 10 Parallelkreisbreiten ein und gibt für jede Zone die mittlere relative Feuchtigkeit, (den Wassergehalt im Kubikmeter [Gramm]) und die mittlere Temperatur an:

	vom Äquat. ÷ 10	vom 10 ÷ 20	20 ÷ 30	30 ÷ 40	40 ÷ 50	50 ÷ 60	60 ÷ 70	Parallelkreis.
Jahresdurchschnitt	25,5	25,4	21,9	15,3	8,7	1,2	— 7° C	Temp.
	79	75	71	70	74	78	82 %	rel. F.
	18,9	17,2	13,8	9,7	7,0	4,9	3,1 g	im cbm
Die Luft enthält im Juni, Juli, August etwa:	19,9	19,6	17,1	13,4	10,8	8,8	6,2 g	im cbm.
m Dezember, Januar, Februar:	17,7	15,3	10,4	6,5	3,9	2,2	1,2 g	im cbm.

In großen Höhen nimmt die Feuchtigkeit der Atmosphäre ab und beträgt etwa in:

	0,5	1	1,5	2,0	2,5	3,0 km Höhe
	0,83	0,68	0,51	0,41	0,34	0,26 g
bis	—	0,76	0,65	0,55	0,47	0,39 g im cbm.

Die Messung der Luftfeuchtigkeit geschah mit hygroskopischen Körpern wie Darmsaiten, Hanfseilen, Seide, Hafergrannen, Fischbein, Hygrometerstein von Lowitz und seit De Saussure*) mit entfettetem blonden Frauenhaar, dann durch Daniels Hygrometer**) und jetzt

---

*) De Saussure, Essai sur l'hygrometrie. Deutsch von Titius. Leipzig 1874. — J. Pircher, Über die Haarhygrometer. Denkschr. d. Kais. Akad. d. Wiss. Wien 1901. Bd. 73. Mit zahlreichen Literaturangaben.

**) Sresnewsky, Théorie de l'hygrometrie à cheveu. Meteor. Zeitschr. 1896. S. 145.

steigenden Temperatur. Damit eine möglichst kleine Menge Luft die möglichst größte Menge Wasser aus dem Trockenraum forttrage, muß sie den Raum so warm, wie es angeht, verlassen. Andererseits muß aber dieselbe Menge Luft so viel wärmer in den Trockenraum treten, daß ihre Ab-

---

meistens durch Augusts Psychrometer*) oder Aßmanns Absorptions-Psychrometer**), das aus zwei gleichen Thermometern besteht, deren eines eine mit feuchter Gaze umwickelte Kugel besitzt. Zeigt das trockne Thermometer t_L, das feuchte t_w Grad und werden die Spannungen des Dampfes der Luft und des Wassers mit e_L und e_w bezeichnet, so gilt für den Barometerstand von 755 mm Q die Formel:

$$e_L = e_w - 0{,}5(t_L - t_w) \quad \text{(A)}$$

Die so gefundene Dampfspannung der Luft liefert dann leicht das Dampfgewicht und den Sättigungsgrad der Luft, deren Ausrechnung durch Tafeln***) erleichtert wird.

Strömt ungesättigte Luft mit etwa 2,5 m/sek und t_L^0 über dünne etwa ebenso warme Wasserschichten, so entwickelt sich aus dem Wasser Dampf, weil seine Spannung größer als die des Luftdampfes ist, dieser kühlt das Wasser und die Luft und sättigt die Luft, bis Temperatur und Dampfspannung bei Luft und Wasser gleich geworden. Dann tritt der Beharrungszustand ein. Die erreichte niedrigere Temperatur t_w liegt aber etwas höher als die Sättigungstemperatur (der Taupunkt) der Luft, weil diese hier ja nicht nur durch ihre Abkühlung, sondern auch durch Wasseraufnahme gesättigt wird. — Wenn nun, nachdem die Temperatur des Wassers auf t_w gesunken, noch ferner wärmere ungesättigte Luft mit t_L darüber eilt, so gibt diese ihren Wärmeüberschuß von t_L bis t_w an das Wasser ab, aber ohne es zu erwärmen, indem die abgegebene Wärme nur Dampf aus ihm erzeugt, durch den die wärmere Luft sich (neben ihrer Abkühlung) sättigt. Das Wasser kann auch im Beharrungszustande nicht kälter als t_w werden, weil dann die mit ihm zugleich kalt werdende Luft übersättigt würde, es kann auch nicht wärmer als t_w werden, weil dann ja seine Dampfspannung die des Luftdampfes übersteigen müßte.

Während nun gewöhnlich zur Ausrechnung der Psychrometeranzeige die Formel (A) dient und zu Hilfe dabei die Jelinekschen Psychrometertafeln benutzt werden, kann, wie ich denke, auch die Tafel V dazu Verwendung finden. Denn auf dieser zeigt der obere Teil der Ordinate über t_L (z. B. bei 30° C) von a bis b den ganzen Wärmeinhalt des ganz gesättigten Luftdampfes bei der Temperatur t_L (16,69). Der ent-

---

*) Müller-Pouillet, Lehrb. d. Physik. 1907.

**) R. Aßmann, Das Aspirations-Psychrometer.

***) J. Jelinek, Psychrometertafeln, umfassen das Gebiet von 30° ÷ 49,9° C.

kühlung auf die Austrittstemperatur genügt, um den zu trocknenden Stoff zu erwärmen und sein Wasser zu verdampfen.

Da der Wärmeaufwand beim Trocknen mit Luft gleich ist demjenigen für die Erhitzung der Luft, so folgt, daß um so weniger Wärme verbraucht wird mit je weniger Luft die Trocknung erfolgt, und dieses ist der Fall, wenn die Luft so warm wie zulässig ein- und austritt.

---

sprechende Teil der Ordinate über t_w (z. B. bei 20°) von c bis d zeigt den Wärmeinhalt des gesättigten Dampfes bei dieser Temperatur (9,009). Das ist der Wärmeinhalt des ursprünglichen Dampfgewichts der Luft, nachdem sie von t_L auf t_w abgekühlt ist, vermehrt um den Wärmeinhalt des Dampfgewichts, das die von t_L auf t_w abgekühlte Luft aus dem Wasser hervorgerufen hat (= L · 0,241). Die Wärme des ursprünglichen Dampfgewichts ist demnach = cd — ce = af = 6,50 WE.

Bedeutet c_w den Wärmeinhalt des Dampfes in 1 kg Luft bei vollkommener Sättigung und der Temperatur t_w und c den gesuchten Wärmeinhalt des Dampfgewichts der Luft bei t_L in WE., so ist:

$$c = c_w - 0{,}241\,(t_L - t_w),$$

und wenn die Abkühlung der kleinen in der Luft enthaltenen Dampfmenge hinzugerechnet und c in Prozenten von c_L ausgedrückt wird:

$$c = \frac{[c_w - 0{,}25\,(t_L - t_w)]\,100}{c_L}$$

$$= \frac{[9{,}009 - 0{,}25\,(30 - 20)]\,100}{16{,}69} = 39\% \quad . \; . \; . \; . \; . \; . \quad \text{(B)}$$

Sind d_w, d_L und d die Dampfgewichte in 1 kg Luft und der mittlere Wärmeinhalt von 1 kg Dampf = 620 WE., so ist:

$$d_w = \frac{c_w}{620}, \quad d_L = \frac{c_L}{620}, \quad d = \frac{c}{620}$$

$$d = \frac{c}{620} = \frac{c_w - 0{,}25(t_L - t_w)}{620} = 10{,}5\ \text{g} \quad . \; . \; . \; . \; . \quad \text{(C)}$$

Aus dem bekannten Dampfgewicht d in 1 kg der ungesättigten Luft und deren Sättigungsgrad bei der Temperatur t_L kann mit Hilfe der Tabellen XIII und Tafeln II u. IV seine Spannung und sein Gewichtin Kubikmetern gefunden werden.

Wird die untere Spitze eines Zirkels auf die Abszisse der Tafel V auf den Punkt der Anzeige des feuchten Thermometers bei t_w, die obere auf den Schnittpunkt der auf t_w errichteten Ordinate mit der Sättigungskurve (d) gestellt und nun beide nach rechts verschoben, bis die untere Spitze auf den Abszissenpunkt des trocknen Thermometers t_L gelangt, so gibt die obere auf der Ordinate zwischen den Sättigungslinien sofort (bei f) den Gehalt in Prozenten an und durch das Maß d · f auch den Wärmeinhalt in WE. für 1 kg Luft.

Der Temperaturgrad, bis zu dem die Luft vor ihrem Eintritt erhitzt werden darf, hängt von der Natur des Trockengutes und von dem Grade ab, bis zu dem diesem das Wasser entzogen werden soll.

Soll der Stoff gänzlich vom Wasser befreit werden, so muß er zuletzt bis ganz nahe an die Temperatur der eintretenden Luft erwärmt werden; daher darf man in diesem Falle die Luft nur bis zu dem höchsten Grade erwärmen, den der zu trocknende Stoff noch vertragen kann.

Darf indessen das Gut nach dem Trocknen noch erhebliche Mengen Feuchtigkeit enthalten, so ist es nicht nötig, dieses durch die Luft bis zu deren Temperatur zu erwärmen, und dann darf die Lufteintrittstemperatur höher bemessen werden, wie es bei der Anwendung der Gleichstromtrocknung geschieht.

In jedem bestimmten Fall ist als bekannt anzunehmen:

1. das Gewicht des zu trocknenden Stoffes,
2. die Wassermenge, die ihm entzogen werden soll,
3. die höchste Temperatur, die er noch ertragen kann;

man wünscht zu erfahren:

1. die aufzuwendende Wärmemenge,
2. die anzulegende Heizfläche,
3. die zu bewegende Luftmenge, und zwar vor ihrer Erwärmung, nach ihrer Erwärmung und bei ihrem Austritt aus dem Apparat.

Es können auch die Fragen aufgeworfen werden, ob es Vorteile bietet, im Trockenraum einen höheren oder einen geringeren Druck als den der Atmosphäre zu erzeugen, ob Gleichstrom oder Gegenstrom vorteilhaft sei, ob Nachwärmung der Luft im Trockenraum günstig wirkt, und andere mehr.

Im nachstehenden sollen die Antworten auf diese Fragen in möglichst bequemer Weise vorbereitet und für eine Anzahl von Fällen zum Gebrauch fertig ausgearbeitet werden.

Die Luft, sehr empfänglich für die Einflüsse des Druckes und der Temperatur, verwandelt proteusartig ihre Gestalt. Ein Kubikmeter Luft, den man in die Rechnung einführt, muß mit seiner Spannung und Temperatur ausdrücklich bezeichnet werden, damit man ihn später wieder erkenne.

Rechnet man sich aus, wieviel Wärme ein bestimmtes Volumen Luft von bestimmter Temperatur und Spannung abgeben und wieviel Feuchtigkeit es aufnehmen kann, so findet man, daß, nachdem die Luft diese Leistung getan, d. h. nachdem sie Wärme abgegeben und Feuchtigkeit aufgenommen, ihr Volumen ein ganz anderes geworden. Dieses andere Volumen muß dann wieder berechnet werden, und weil solche Rechnungen nicht ohne ein gewisses Probieren ausgeführt werden können, so kommt man nur langsam und mit Mühe ans Ziel. Aus diesem Grunde ist es vorzuziehen, und auch die Vorstellung gewöhnt sich bald daran, das Gewicht der Luft anstatt ihres Volumens in die Rechnung einzuführen und an ihrem Ende, wenn es nötig ist, des gefundenen Luftgewichtes Raummaß festzustellen.

Wie die spätere Darlegung zeigen wird, sind die für jeden Fall auszuführenden Rechnungen nicht schwierig; allein sie erfordern immerhin ein gewisses Eindringen in den Gegenstand, und hierfür ist dem ausführenden Techniker nicht immer die nötige Zeit gelassen. Auch ist die Wirkung der Veränderung der in Betracht kommenden Umstände auf die Wirkung der Anlage nicht ohne weiteres a priori genau abzuschätzen. Erst wenn mit einem Blick übersehen werden kann, welche Einflüsse die Veränderungen von Druck, Temperatur und Sättigung auf die Leistung und den Luft- und Wärmeverbrauch ausüben, können die besten Umstände leicht gewählt werden. Aus diesem Grunde sind im nachstehenden die Erfordernisse von Trockenanlagen verschiedener Art in Form von Tabellen zusammengestellt, und aus ihnen können ohne weiteres die in jedem Fall gewünschten Angaben ersehen werden.

Für Verluste an Menge, Gewicht und Wärme wird man bei der Ausführung stets der Erfahrung entsprechende Zuschläge machen.

Wir wollen nun zunächst eine Tabelle ausrechnen, aus der zu ersehen ist, wieviel Wasser von 1 kg Luft bei verschiedenen Temperaturen und bei verschiedenen Drucken aufgenommen werden kann.

Sodann soll die Gewichtsmenge Luft von bestimmter angenommener Anfangstemperatur gesucht werden, die wenigstens nötig ist, um ein bestimmtes Gewicht Wasser (100 kg) aufzunehmen.

Ferner ist dann das Volumen anzugeben, das von dem

ausgerechneten Luftgewicht beim Eintritt, beim Austritt und nach der Vorwärmung eingenommen wird.

Endlich kann die Feststellung des unter den verschiedenen Umständen sehr ungleichen Wärmebedarfs (zum Auftrocknen eines bestimmten Wassergewichtes) erfolgen, und an diese schließt sich die Ausrechnung der nötigen Heizfläche, der Weite der Kanäle und der Vorrichtungen zur Luftbewegung.

Alle diese Feststellungen sind auszuführen für das Trocknen beim Druck der Atmosphäre, bei geringerem und bei höherem Druck und unter der Voraussetzung einer mehr oder weniger vollkommenen Sättigung der in den und aus dem Trockenapparat gehenden Luft.

Die im nachstehenden angewendeten Buchstabenbezeichnungen sind die folgenden:

α = Ausdehnungskoeffizient der Luft = 0,003665,

β = Festzahl. Bei Umlaufheizung der Teil der Luft L der aus dem Kreislauf ausscheidet oder in diesen eintritt,

C_a = Wärmeverlust durch Ausstrahlung,

C_g = Wärme zum Erwärmen der Gestelle $= G \cdot \sigma_g (t_z - t_a)$,

C_n = $C_g + C_r + C_w + C_a$ die im Trockenraum verwendete Wärme,

C_r = Wärme zum Erwärmen des Rückstandes $= R \cdot \sigma_r (t_z - t_a)$.

C_s = Gesamte, zum Trocknen aufgewendete Wärme, d. h. Erhitzung der Luft mit ihrem Dampfgehalt,

C_w = Wärme zum Verdampfen des Wassers aus dem Trockengut,

c = Wärmeinhalt in 1 kg Dampf,

D_a = Äußerer Schaufeldurchmesser der Schleuder,

D_i = Innerer Schaufeldurchmesser der Schleuder,

d_a = Dampfgewicht in 1 kg der Außenluft bei der Temperatur t_a,

d_m = Dampfgewicht in 1 kg Luft bei der mittleren Temperatur t_m,

d_n = Dampfgewicht in 1 kg nasser Luft, wenn sie den Trockenraum verläßt, bei der Temperatur t_n,

d_h = Dampfgewicht in 1 kg Luft bei der höchsten Temperatur t_h,

δ = Spezifische Wärme des Wasserdampfes = 0,475,

δ = Tropfen-Durchmesser in mm.
η = Nutzwirkung in Prozenten,
F = Gewicht der Feuergase,
G = Gewicht der Gestelle,
γ_a = Gewicht von 1 cbm Luft oder Gas der Atmosphäre außerhalb des Schornsteins,
γ_d = Gewicht von 1 cbm Dampf in kg,
γ_i = Gewicht von 1 cbm Luft oder Gas im Schornsteine,
γ_L = Gewicht von 1 cbm trockener Luft in kg,
H = Ganze Schornsteinhöhe,
H = Heizfläche in qm,
h_h = Widerstandshöhe,
$h_{1,2,3}$ = Widerstandshöhen,
L = Gewicht der Luft in kg,
L_1 = Gewicht der Luft in der ersten Kanalstrecke,
L_2 = Gewicht der Luft in der zweiten Kanalstrecke,
λ = Spezifische Wärme der Luft = 0,241,
μ = Festwert,
N = Pferdestärken,
n = Mindeste Umdrehungszahl,
O_h = Oberfläche in qm der Heizfläche,
O_s = Oberfläche in qm der Schornsteinwand,
O_x = Oberfläche in qm des Trockengutes,
p = Druck in Atmosphären oder in kg/qm (der Druck der Atmosphäre ist = 10336 kg/qm),
q = Druck in mm Quecksilbersäule,
R = Gewicht des Trockengehaltes (Rückstandes) im feuchten Gut,
σ_f = Spezifische Wärme der Feuergase,
σ_g = Spezifische Wärme der Gestelle,
σ_m = Spezifische Wärme der Mischung von Feuergas und Luft,
σ_r = Spezifische Wärme des Rückstandes,
t_a = Temperatur der Außenluft (atmosphärischen),
t_f = Temperatur der Feuergase,
t_h = Temperatur der heißen Luft, wenn sie eben den Heizraum verläßt (Höchsttemperatur),
t_m = Mittlere Temperatur des Wasserrückstandes oder der Gestelle,
t_m = Temperatur der Mischung von Feuergas und Luft,

t_n = Temperatur der nassen Luft, wenn sie den Trockenraum verläßt,
t_u = Ursprüngliche Temperatur des Trockengutes,
t_z = Temperatur des Trockengutes (und der Gestelle), wenn es eben den Trockenraum verläßt,
u = Umfangsgeschwindigkeit in m/sek,
V_d = Volumen eines Dampfgewichtes in Kubikmetern,
V_L = Volumen der Luft in Kubikmetern,
V_{La} = Volumen der (atmosphärischen) Außenluft in Kubikmetern,
V_{Lh} = Volumen der heißen Luft, wenn sie den Heizraum verläßt,
V_{Ln} = Volumen der nassen Luft, wenn sie den Trockenraum verläßt,
v_o = Geschwindigkeit des Luftaustritts an der Schornsteinspitze,
v_h = Geschwindigkeit der Luft an der heißesten Stelle,
v = Volumen von 1 kg Dampf in Litern,
v_s = Geschwindigkeit des Lufteintritts in das Schaufelrad,
w = Wassergewicht, das dem Trockengut im Trockenraum entzogen wird,
w_1 = Wassergewicht, das dem Gut im ersten Kanalteil entzogen wird,
w_2 = Wassergewicht, das dem Gut im zweiten Kanalteil entzogen wird,
Z = Ganze Zugstärke des Schornsteins in mm WS'.,
z = Zeit in Sekunden,
z_1, z_2, z_3 = Einzelzugstärken.

2. Bestimmung des Höchstgewichtes an gesättigtem Wasserdampf, das bei verschiedenem Druck und verschiedener Temperatur in 1 kg Luft enthalten sein kann. Tabelle I.

Nach bekannten physikalischen Gesetzen hat der gesättigte Wasserdampf bei jeder Temperatur die ihm dabei zukommende Spannung, gleichgültig, ob er sich im luftleeren oder lufterfüllten Raum befindet. Wenn man von einer mit Feuchtigkeit gesättigten Luft spricht, so bedeutet das nichts anderes, als daß in dem Raum, den sie einnimmt, sich gerade so viel gesättigter Wasserdampf befindet, als bei der gerade herrschenden Temperatur darin sein würde, auch wenn keine Luft vorhanden wäre. Die Spannung, der Druck, den dieser gesättigte Dampf an und für sich bei der herrschenden Temperatur ausübt, ist ein ganz bestimmter, bekannter, durch zahlreiche Versuche ermittelter und in Tabellen von Regnault, Zeuner, Fliegner, Knoblauch, Wiebe usw. mitgeteilter. Er ist für die Temperaturen unter 100° immer geringer als der Druck der Atmosphäre, und der Druck der Atmosphäre wird eben erzeugt dadurch, daß zu dem Druck des Dampfes noch der der Luft hinzukommt. Der Atmosphärendruck setzt sich zusammen aus demjenigen des Dampfes und dem der Luft; er ist die Summe dieser Drucke.

Da das größte Gewicht an gesättigtem Wasserdampf, das einen Kubikmeter bei einer bestimmten Temperatur erfüllen kann, nach den oben genannten physikalischen Gesetzen das gleiche bleibt, gleichgültig, ob in dem Kubikmeter sich außerdem noch Luft befindet oder ob der Dampf den Raum allein einnimmt, so folgt, daß das Gewicht eines Kubikmeters gesättigten Dampfes, wie es aus den oben angeführten Tabellen der bekannten Physiker zu ersehen ist, zugleich auch den Höchstwassergehalt eines Kubikmeters Luft für die verschiedenen Temperaturen angibt.

1 Kubikmeter Wasserdampf wiegt bei:

0°	5°	10°	15°	20°	
0,00504	0,00696	0,00951	0,01319	0,01753	kg.

Die gleichen Dampfgewichte enthält auch 1 Kubikmeter Luft, wenn sie mit Feuchtigkeit ganz gesättigt ist.

Wenn die Luft ganz mit Wasserdunst gesättigt ist, so sagt man, ihr Sättigungsgrad beträgt 100%; enthält sie weniger Feuchtigkeit, z. B. nur $^3/_4 - ^1/_2 - ^1/_4$ davon, so sagt man, ihr Sättigungsgrad betrage 75—50—25%.

1 Kubikmeter Luft enthält also bei den

Wenn der Sättigungsgrad beträgt:	Temperaturen 0°	5°	10°	15°	20°	
10%	0,000504	0,000696	0,000951	0,001319	0,001753	kg Wasser
20%	0,00101	0,00139	0,00191	0,00264	0,00351	„ „
50%	0,00252	0,00345	0,00475	0,00660	0,00877	„ „

Das Dampfvolumen (v) in Litern, das sich aus 1 kg Wasser entwickelt, ergibt ziemlich genau die Gleichung von Mariotte-Gay-Lussac:

$$v = 4{,}543\,\frac{273+t}{p}, \quad \ldots\ldots\ldots \quad (1)$$

worin t die Temperatur, p den Druck in Atmosphären bedeutet.

Das Gewicht eines Kubikmeters gesättigten Dampfes ist daher:

$$\gamma_d = \frac{L}{v} = \frac{1000\cdot p}{4{,}543\,(273+t)} \quad \ldots\ldots \quad (2)$$

Fast dasselbe Ergebnis, das die Ausrechnung dieser Gleichungen hervorbringt, liefert auch eine andere Betrachtung.

Das spezifische Gewicht des gesättigten Dampfes, auf Luft = L bezogen, ist = 0,623. Das Gewicht eines Kubikmeters Dampf ist daher stets 0,623 von dem Gewicht eines Kubikmeters trockener Luft von der gleichen Spannung und Temperatur. Wenn also das Gewicht eines Kubikmeters trockener Luft für alle Temperaturen und Spannungen mit 0,623 multipliziert wird, so entsteht das Gewicht eines Kubikmeters gesättigten Dampfes. Das Ergebnis stimmt mit dem nach der Gleichung 2 berechneten fast ganz genau überein.

Aber ohne jede Rechnung kann die Spannung p des gesättigten Dampfes bei allen Temperaturen aus durch Beobachtungen gefundenen Tabellen von Regnault, Zeuner, Fliegner u. a. abgelesen werden, ebenso wie das Gewicht eines Kubikmeters (γ_d) dabei.

Die Spalte 2 der Tabelle I gibt die Gewichte von 1 Kubikmeter gesättigten Dampfes, die Spalte 3 die Spannung des gesättigten Dampfes nach Regnault in Millimeter Quecksilbersäule, beides bei den Temperaturen der Spalte 1.

Der Druck der Atmosphäre (der Barometerstand) schwankt zwischen ziemlich weiten Grenzen[1]). In der Tabelle I sind Barometerstände von 780, 760 und 740 mm Quecksilbersäule berücksichtigt, und in den Spalten 4, 5 und 6 ist der Druck angegeben, den die trockene Luft bei diesen und bei den

[1]) Es scheint, daß in Rußland als tiefster Stand 686,3, als höchster 808,7 mm beobachtet sind.

Temperaturen von -20^0 bis $+100^0$ neben dem des gesättigten Dampfes noch ausübt. Denn die Spannung der Luft ist gleich dem herrschenden Barometerstande weniger dem Drucke des Dampfes.

In den Spalten 7, 8 und 9 sind dann die Gewichte von 1 Kubikmeter trockener Luft bei dem Drucke der Spalten 4, 5, 6 und den Temperaturen -20^0 bis $+100^0$ zusammengestellt.

Das Gewicht eines Kubikmeters trockener Luft kann nach der Formel:

$$\gamma_L = \frac{0{,}0001252 \cdot q \cdot p}{(1 + \alpha t) \cdot 760} \qquad (3)$$

berechnet werden, worin γ_L das Luftgewicht in kg, t die Temperatur in Graden Celsius, p den atmosphärischen Druck in kg pro Quadratmeter = 10336, q den Druck in mm Q, unter dem die Luft allein steht, und α die Wärmeausdehnungszahl der Luft, $\alpha = 0{,}003665$, bedeutet.

Der atmosphärische Druck auf 1 qm ist bei 760 mm Barometerstand p = 10336 kg; für jeden anderen Barometerstand q im mm Quecksilbersäule ist:

$$p_L = \frac{q}{760}\,10\,336 \qquad (4)$$

Zieht man von dem herrschenden Barometerstande in mm Quecksilbersäule den Druck des Dampfes in der Atmosphäre ab, so erhält man den Druck, unter dem sich die Luft allein befindet.

Durch eine leichte Umrechnung findet man ferner aus den Daten der Spalten 2÷9 das Gewicht an gesättigtem Dampf, das 1 kg trockene Luft bei den verschiedenen Temperaturen und Barometerständen im Höchstfall enthalten kann; denn es ist nur das Gewicht eines Kubikmeters gesättigten Dampfes durch das Gewicht von 1 Kubikmeter trockener Luft bei gleicher Temperatur und entsprechendem Barometerstande zu dividieren. Die Ergebnisse dieser Rechnungen sind in den Spalten 10, 11, 12 zusammengestellt.

Die Spalten 13÷21 der Tabelle I bieten die ähnlichen Angaben für einen Druck von $1^1/_2$ Atm. abs. = $^1/_2$ Atm. Überdruck = 1140 mm Quecksilbersäule, ferner für einen solchen von $^1/_3$ Atm. abs. = 250 mm Quecksilbersäule und endlich für einen solchen von $^2/_3$ Atm. abs. = 500 mm Quecksilbersäule.

Die Zahlen der Spalten 13, 16, 19 sind gefunden durch Subtraktion des Dampfdruckes der Spalte 3 von dem angenommenen Gesamtdruck 1140—500—250 mm.

Die Angaben der Spalten 14, 17, 20 finden sich aus der Gleichung 3, indem für q und t die entsprechenden Werte eingesetzt sind.

Endlich ergibt sich das in 1 kg Luft bei den verschiedenen Spannungen enthaltene Wasserdampfgewicht durch Division der Gewichte aus den Spalten 14, 17, 20 in die entsprechenden Zahlen der Spalte 2.

Beispiel 1. Es ist zu bestimmen:

1. Das Gewicht von 1 Kubikmeter trockener Luft, die mit Wasserdampf gesättigt ist, bei $t_a = 10^0$ und dem Barometerstand $q = 760$ mm (Spalte 8).

2. Das Gewicht an Wasserdampf d_a, das in diesem Falle in 1 kg Luft enthalten ist (Spalte 11).

3. Das Gewicht von 1 Kubikmeter trockener Luft, die mit Wasserdampf gesättigt ist, bei $t_a = 10^0$ und dem absoluten Druck von $q = 250$ mm (Spalte 20).

4. Das Gewicht an Wasserdampf, das im Falle 3 in 1 kg Luft enthalten ist (Spalte 21).

Zu 1. Nach Gleichung 3 ist:

$$\gamma_L = \frac{0{,}0001252 \cdot q \cdot p}{(1 + \alpha t) \cdot 760}.$$

q ist die Spannung der Luft in dem Kubikmeter, und sie wird gefunden als der Unterschied zwischen dem herrschenden Gesamtdruck (das ist hier 760 mm) und dem Druck des gesättigten Dampfes bei 10^0 das ist nach Spalte 3 = 9,16 mm), so daß sich ergibt:

$$q = 760 - 9{,}16 = 750{,}84 \text{ mm},$$

hieraus folgt:

$$\frac{q \cdot p}{760} = \frac{750{,}84 \cdot 10336}{760} = 10211{,}4$$

und

$$\gamma_L = \frac{0{,}0001252 \cdot 10211{,}4}{1 + 0{,}003665 \cdot 10} = 1{,}2332 \text{ kg (Spalte 8)}.$$

Zu 2. 1 Kubikmeter enthält also bei 10^0 und 760 mm Barometerstand 1,2332 kg Luft und (aus Spalte 2) 0,00951 kg Wasserdampf.

In 1 kg Luft sind daher in diesem Falle enthalten:

$$\frac{0{,}00951}{1{,}2332} = 0{,}00771 \text{ kg Dampf (Spalte 11)}.$$

Zu 3. In die Gleichung 3 ist einzusetzen:

$$t_a = 10^0 \qquad \alpha = 0{,}003665 \qquad q = 250 - 9{,}16 = 240{,}84.$$

$$\frac{q \cdot p}{760} = \frac{240{,}84 \cdot 10336}{760} = 3275{,}4$$

und

$$\gamma_L = \frac{0,0001252 \cdot 3275,4}{1 + 0,003665 \cdot 10} = 0,395 \text{ kg (Spalte 20)}.$$

Zu 4. 1 Kubikmeter ist demnach bei 10^0 und 250 mm absolutem Druck mit 0,395 kg Luft und (aus Spalte 2) 0,00951 kg Dampf gefüllt. Folglich befinden sich in 1 kg Luft:

$$\frac{0,00951}{0,395} = 0,0240 \text{ kg Dampf (Spalte 21)}.$$

Aus der Tabelle I wird ganz deutlich erkannt, daß 1 kg Luft um so mehr gesättigten Wasserdampf mit sich führen kann, je wärmer sie selbst und je geringer der herrschende Druck ist.

Nach den Spalten 11, 15, 18, 21 der Tabelle I ist das in der Tafel I dargestellte Schaubild gezeichnet worden.

Es zeigt das Gewicht an gesättigtem Wasserdampf, das 1 kg Luft bei den absoluten Spannungen 250—500—760—1140 mm und den Temperaturen von — 20 bis + 100^0 aufnehmen kann. Viel neues ist aus diesem Diagramm nicht zu lernen, allein es ist angenehm, mit einem Blick zu beobachten, wie sich die Dampfaufnahme der Luft bei verschiedenen Temperaturen und Drucken gestaltet.

Mit der Tabelle I als Rüstzeug ausgestattet, kann man nun berechnen, wieviel Luft und wieviel Wärme zur Verdunstung eines bestimmten Gewichtes Wasser unter den verschiedenen Umständen gebraucht wird.

Ehe wir dazu übergehen, sollen noch einige Angaben über den meist als Verlust anzusehenden Wärmeaufwand gemacht werden.

3. Über den für die Erwärmung des Trocken-Rückstandes und der Gestelle erforderlichen Wärmeaufwand. Tabelle II. (Siehe auch S. 129.)

Das feuchte Gut kann sehr verschiedene Mengen aufzutrocknenden Wassers enthalten, daher denn das Gewicht des Rückstandes (R) im Verhältnis zu dem des aufgetrockneten Wassers in weiten Grenzen schwanken kann. Auch die spezifische Wärme des Rückstandes ist in jedem Fall eine andere. Ebenso haben die Gestelle, nämlich Wagen, Horden, Schalen, auf denen das Trockengut ausgebreitet wird, und die wir alle zusammen mit dem gemeinsamen Namen Gestelle (G) bezeichnen, im Verhältnis zum aufgetrockneten Wasser sehr verschiedene Gewichte und spezifische Wärme.

Daher kann es kommen, obgleich es nicht die Regel ist, daß die Erwärmung aller dieser Dinge von ihrer ursprünglichen Temperatur (t_u) auf die höhere (t_n oder t_h), mit der sie den Trockenraum verlassen, viel Wärme, ja unter Umständen mehr, als zum Verdunsten des Wassers nötig ist, erfordert.

Es sei R das Gewicht des Rückstandes, σ_r seine spezifische Wärme, G das Gewicht der Gestelle, σ_g ihre spezifische Wärme, t_u und t_n die Anfangs- und Endtemperatur, so ist die für die Erwärmung dieser Dinge erforderliche Wärmemenge:

$$C_r = (R \cdot \sigma_r + G\,\sigma_g)\,(t_n - t_u) \quad . \; . \; . \; . \; . \; . \quad (5)$$

In der Tabelle II ist für eine Anzahl von Fällen die erforderliche Wärmemenge zusammengestellt.

Beispiel 2. Aus 100 kg feuchtem Gut sollen 20 % Wasser aufgetrocknet werden. Die Gestelle wiegen 300 kg für je 100 kg Gut. Der Rückstand (R) hat die spezifische Wärme $\sigma_r = 0{,}4$ und die Gestelle (G), die zumeist aus Holz mit etwas Eisen bestehen, haben $\sigma_g = 0{,}6$. Ihre Temperatur t_u sei $= 10^0$ und die Höchsttemperatur $t_h = 60^0$.

Nach Tabelle II gehören zu 20 kg Wasser 80 kg Rückstand, also zu 100 kg Wasser 400 kg Rückstand (R).

Zu 20 kg Wasser gehören 300 kg Gestelle (G), also zu 100 kg Wasser 1500 kg Gestelle.

$$C_r = (400 \cdot 0{,}4 + 1500 \cdot 0{,}6)\,(60 - 10) = 53\,000 \text{ WE.}$$

Angabe der spezifischen Wärme einiger Stoffe:

Aluminium	= 0,21	Quecksilber	= 0,033	Koks	= 0,20
Eisen	= 0,12	Glas	= 0,193	Holz	= 0,65
Kupfer	= 0,0933	Salz	= 0,246	Ziegelstein	= 0,22

4. Berechnung des notwendigen Luftgewichtes und Volumens sowie des geringsten Wärmeaufwandes für Trockenapparate mit nur vorgewärmter Luft.

A. Unter der Annahme, daß die Luft vor ihrer Erwärmung und bei ihrem Austritt aus dem Apparat ganz mit Wasserdunst gesättigt sei. Tabelle III.

Die atmosphärische Luft ist selten ganz mit Wasserdampf gesättigt. Ihr Sättigungsgrad schwankt zwischen 10÷100 %

und ändert sich oft während eines Tages um 50—60%[1]). Es wird daher bei der Berechnung des für eine bestimmte Trockenleistung nötigen Luftgewichtes angezeigt sein, einen hohen Feuchtigkeitsgrad der Außenluft anzunehmen.

Auch die aus dem Trockenraum entweichende Luft ist fast nie ganz gesättigt. Obgleich dies zu erstrebende Ziel nicht erreicht wird, so sollen doch in diesem Abschnitt die gewünschten Angaben des Luft- und Wärmeverbrauches zunächst für diesen Fall gefunden werden. Später werden dann andere Sättigungsgrade Berücksichtigung finden.

Die schematische Figur soll die Vorstellung des einfachen Luft-Trockenapparates geben.

Die Außenluft L, die in 1 kg d_a kg Wasser enthält, tritt mit der Temperatur t_a in den Heizraum H, den sie mit der höheren Temperatur t_h verläßt. Durch den Trockenraum T strömend, nimmt die Luft dann das Wassergewicht w auf und kühlt sich dabei auf die Temperatur t_n ab. Gewöhnlich wird eine Luftschleuder (Ventilator) V angewendet, um die warme, mit der Feuchtigkeit $L d_n = w + L d_a$ beladene Luft ins Freie zu treiben.

$L + L d_a$ $V_{La} \rightarrow$ t_a	H Heizraum	T V_{Lh} w V_{Ln} t_h Trockenraum t_n	V Ventilator	$L + L d_n = w + L + L d_a$ $\rightarrow V_{Ln}$ t_n

Aus Früherem ist erinnerlich, daß die zum Trocknen zu benutzende Luft zwei Bedingungen erfüllen muß:

1. Die Wärmemenge, die das Luftgewicht L und dessen Feuchtigkeit $L d_a$ durch ihre Abkühlung im Trockenraum von der Eintrittstemperatur t_h auf die Austrittstemperatur t_n abgeben können, muß zur Erwärmung des nassen Trockengutes, der Gestelle usw. von ihrer ursprünglichen Temperatur t_u auf die Temperatur t_z (d. i. seine Austrittstemperatur) und zur Verdampfung des Wassers w genügen.

2. Die Luft muß imstande sein, bei ihrer Austrittstemperatur t_n das Wassergewicht w als Dampf zu enthalten neben

[1]) Siehe Anm. S. 2.

dem Wasserdampf $L d_a$, den sie aus der Atmosphäre mitbrachte.

Bezeichnen wir mit λ die spezifische Wärme der Luft = 0,2375[1]), mit δ die spezifische Wärme des Dampfes = 0,475, mit C_n ($C_n = C_r + C_g + C_w + C_a$) die Wärme in Wärmeeinheiten (WE.), die im Trockenraum aufgewendet wird, so ergeben sich aus diesen Bedingungen die Gleichungen:

$$(L\lambda + L d_a \delta)(t_h - t_n) = C_n = C_r + C_g + C_w + C_a \quad . \quad (6)$$

$$L(d_n - d_a) = w \quad \dots\dots\dots \quad (7)$$

oder anders geschrieben:

$$L = \frac{w}{d_n - d_a} \quad \dots\dots\dots \quad (8)$$

dies in die Gleichung 6 eingesetzt:

$$\frac{w}{d_n - d_a}(\lambda + d_a \delta)(t_h - t_n) = C_n = C_r + C_g + C_w + C_a \quad (9)$$

oder, da λ = 0,2375 und δ = 0,475 ist,

$$\frac{t_h - t_n}{d_n - d_a} = \frac{C_r + C_g + C_w + C_a}{w\,(0{,}2375 + d_a\,0{,}475)} \quad \dots \quad (10)$$

Diese beiden Gleichungen 8 und 10 sind die für die Berechnung der Trockenanlagen wichtigsten.

In dieser Gleichung 10 sind in jedem Fall bekannt:

w = das in der Zeiteinheit zu verdunstende Wassergewicht,

t_h = die höchste Temperatur der Luft im Heizraum, die so hoch zu bemessen ist, wie es der zu trocknende Stoff noch vertragen kann. Bei Gleichstrom im allgemeinen höher als bei Gegenstrom,

t_a = die Temperatur der Außenluft, die sehr veränderlich ist,

d_a = das mit t_a veränderliche Wassergewicht in 1 kg atmosphärischer Luft,

C_n = die von der Luft im Trockenraum abzugebende Wärme in WE. Sie ist die Summe derjenigen für die Er-

[1]) Von L. Holborn und M. Jacob (Forschungsarbeiten 1916, Heft 187, 188), Z. d. V. d. J. 1914, S. 1429, 1917, S. 146 wird λ = 0,2413 angegeben und bei höheren Drucken steigend

bei 25 Atm. = 0,2490,	bei 100 Atm. = 0,2695,	bei 200 Atm. = 0,2995,
bei 50 Atm. = 0,2556,	bei 150 Atm. = 0,2810,	bei 300 Atm. = 0,3026.

wärmung des Trockengutes, der Gestelle usw., auf ihre Austrittstemperatur (tz) + derjenigen für die Verdunstung des Wassers w aus dem Trockengut und der Ausstrahlung.

Der Gehalt des Trockengutes an festen Stoffen, das Gewicht der Gestelle und deren Wärmeaufnahmebedürfnis sowie die Ausstrahlung kann groß oder klein sein; wir werden aber die Wärmemenge, die zur Erwärmung der festen Stoffe ($C_r + C_g + C_a$) (oder besser des nach dem Trocknen Verbleibenden) dient, im Text übergehen und nur die zum Verdunsten des Wassers erforderliche Wärme C_w berücksichtigen, weil jene in jedem Falle verschieden sind, ihre Berücksichtigung also die Ausrechnung benutzbarer Tabellen fast unmöglich machen würde; müssen die Werte ihrer Erheblichkeit wegen in Rechnung gezogen werden, und können sie nicht mit dem allgemeinen Zuschlage für Verluste zusammen berücksichtigt werden, so muß man sich der Formeln 6 bis 10 bedienen, und die Werte von C_r und C_g aus Tabelle II aufsuchen. Wir nehmen also im folgenden immer an, daß nur die aufzutrocknende Feuchtigkeit w von ihrer ursprünglichen Temperatur t_u (in den Tabellen ist durchgängig $t_u = 15^0$ zugrunde gelegt) auf die Temperatur t_n beim Luftaustritt zu bringen ist, wozu $w(t_n - t_u)$ WE. gehören. In den Tabellen S. 129÷131 ist C_n berücksichtigt.

Für die Verdampfung von 1 kg Wasser von der Temperatur t_n sind $= 640 - t_u$ WE. erforderlich.

Die für die Wasserverdampfung nötige Wärmemenge C_w (die Nutzleistung der Trockenanlage) ist demnach:

$$C_w = w(640 - t_u) \quad . \; . \; . \; . \; . \; . \; . \; . \quad (11)$$

Unbekannt sind in der Gleichung 10 die Größen t_n und d_n, d. h. Austrittstemperatur und Wassergehalt der abgehenden Luft.

Sofern angenommen wird, daß die Luft beim Austritt mit Wasserdunst gesättigt ist (und nur für diesen Fall gelten die Tabellen I und III), so sind die Größen t_n und d_n voneinander abhängig, derart, daß zu jeder Temperatur t_n ein aus der Tabelle I ersichtlicher Wassergehalt d_n gehört.

Um nun aus der Gleichung 10 die noch unbekannten Größen t_n und d_n zu finden, muß man die Werte für die bekannten Größen einsetzen und dann durch einiges Probieren die Zahlen für t_n und d_n suchen, indem man ein beliebiges t_n wählt, dieses mit dem dazugehörigen, aus Tabelle I ersichtlichen d_n einsetzt, ausrechnet und diese Rechnung so oft wiederholt, bis beide Seiten der Formel gleich werden.

Ist auf diese Weise t_n, d. h. die Austrittstemperatur, und dadurch d_n, d. h. der Wassergehalt der Luft beim Austritt, festgestellt, so wird mit Hilfe der Gleichung 8 das notwendige Luftgewicht (L) (Spalte 2 und 3, Tabelle III), das zum Trocknen des Wassergewichtes w genügt, bestimmt.

Das absolute Gewicht der Feuchtigkeit, die dies berechnete Luftgewicht L von außen mit in den Apparat brachte, ergibt sich durch Multiplikation von L mit dem Faktor d_a (aus Tabelle I, Spalten 10, 11, 12, 15, 18, 21) (Tabelle III, Spalte 4).

Die ganze für die Erwärmung des Luftgewichts L und des in ihr enthaltenen Dunstes von ihrer Außentemperatur t_a auf die höchste Temperatur t_h erforderliche Wärmemenge C_s folgt aus der Gleichung:

$$C_s = L\,(0{,}2375 + d_a\,0{,}475)\,(t_h - t_a)\;[1] \quad . \quad . \quad (12)$$

Je größer C_s im Verhältnis zu C_w wird, desto unwirtschaftlicher arbeitet die Trockenanlage. (Tabelle III, Spalte 8.)

Es ist endlich erwünscht, die Volumina der Luft in den verschiedenen Erwärmungsstufen zu erfahren.

Das in den Trockenraum gehende Luftgewicht (L) ist gleich dem, das aus ihm kommt, und wir nehmen an, daß diese Luft jedesmal mit Dampf gesättigt sei, nämlich einmal bei der Temperatur der Atmosphäre t_a, das andere Mal bei der Temperatur des Austritts t_n. Die Spannung der Luft in diesen beiden Fällen ist verschieden, aber bekannt, denn sie ist der Unterschied zwischen dem Atmosphärendruck und dem Druck des in der Luft enthaltenen gesättigten Dampfes.

Um nun die gewünschten Volumina V_{La} und V_{Ln} des Luftgewichts (L) zu finden, wird das Gewicht von 1 Kubikmeter trockener Luft von gleichem Druck (d. h. Atmosphärendruck weniger Dampfdruck) und von gleicher Temperatur in das berechnete Luftgewicht (L) dividiert, d. h. es werden die in Tabelle I, Spalte 7, 8, 9, 14, 17, 20 bei den betreffenden Außen- und Austrittstemperaturen vermerkten Gewichte γ in

[1]) Soll die Erwärmung des Rückstandes und der Gestelle berücksichtigt werden, so ist L aus den Gleichungen 6, 8, 10 zu bestimmen.

das berechnete Gewicht der Luft (L) dividiert. So sind die Spalten 5 und 7 der Tabelle III gefunden.

$$V_{La} = \frac{L}{\gamma_L}, \qquad V_{Ln} = \frac{L}{\gamma_L}.$$

Um das Volumen V_{Lh} der vorgewärmten Luft bei der Temperatur zu berechnen, mit der sie, den Heizkörper verlassend, in den Trockenraum tritt, muß anders verfahren werden. In der stark erwärmten Luft ist der ihr beigemischte Dampf überhitzt und anderen Gesetzen unterworfen als der gesättigte. Bei hohen Temperaturen hat der stark überhitzte Dampf geringere Spannungen als der gesättigte, nämlich diejenigen der sogenannten permanenten Gase; allein in der Nähe seines Verflüssigungspunktes, und das ist gerade die Gegend, die im vorliegenden Falle in Betracht kommt, sind die Regeln, denen der wenig überhitzte Dampf folgt, nicht jedesmal genau feststellbar.

In der Hoffnung, keinen zu großen Fehler zu begehen, nehmen wir deshalb für die Rechnung an, der hier auftretende wenig überhitzte Dampf verhalte sich auch wie ein sogenanntes permanentes Gas.

Der Dampf ist mit der Luft diffundiert. In bezug auf Gewicht, Spannung und Gesamtvolumen wird nichts geändert, wenn diese Diffusion der Luft und des überhitzten Dampfes einen Augenblick aufgehoben gedacht wird, wenn wir uns vielmehr vorstellen, Dampf und Luft befänden sich bei unveränderter Spannung in zwei nebeneinanderliegenden, nur durch eine Wand getrennten Räumen, so würden diese beiden Räume zusammen so groß sein wie der eine Raum, in dem sich vorher Luft und Dampf zusammen befanden; wenn vorher das Gemisch von Luft und Dampf unter dem Druck der Atmosphäre stand (760 mm), so sei dies auch nach der Trennung der Fall. Um das Volumen der Luft-Dampfmischung zu errechnen, sind also nur die Volumina der beiden Teile zusammenzuzählen.

Es unterliegt keiner Schwierigkeit, die Volumina der Gewichte von trockener Luft und überhitztem Dampf bei bestimmtem Druck und Temperatur zu finden, wenn nach dem Mariotte-Gay-Lussacschen Gesetz die Formel:

$$\frac{V_L\, p}{273 + t} = R \quad \text{oder} \quad \frac{V_d\, p}{273 + t} = R \quad . \; . \; . \; (13)$$

dafür angewendet werden darf, in der R = einen für jedes Gas bestimmten Festwert bedeutet.

Dieser Festwert (Gaskonstante) R ist für Luft = 29,27 und nach G. Schmidt für überhitzten Dampf = 46,83.

Die Formel für die Bestimmung des Volumens der heißen Luft und des ihr beigemischten Dampfes bei der Temperatur t_h ist demnach:

$$V_g = V_{Lh} + V_{dh} = L\left[\frac{273 + t_h}{p}(29{,}27 + 46{,}83\,d_a)\right]. \quad (14)$$

Hiernach ist die Spalte 6 der Tabelle III berechnet.

Um zu verdeutlichen, in welcher Weise die bis hier gediehenen Betrachtungen in den einzelnen Fällen der Praxis benutzt werden können, soll sogleich ein Beispiel ausgerechnet werden, das dann auch zugleich zeigt, wie die Zahlen der Tabelle III entstanden sind.

Beispiel 3. Es sollen 100 kg Wasser durch Luft, deren Höchst-Temperatur nicht mehr als $t_h = 100^0$ betragen darf, aufgetrocknet werden, unter der Voraussetzung, daß die atmosphärische Luft sowohl als auch die den Apparat verlassende Luft mit Wasserdampf gesättigt ist, und daß der Barometerstand 760 mm beträgt.

Die atmosphärische Luft kann jede vorkommende Temperatur haben. Man wird also genötigt sein, die gewünschten Angaben für alle möglichen Außentemperaturen zu berechnen. Weil sich die Rechnungen aber für jede Außentemperatur wiederholen, so sollen hier nur diejenigen für eine Außentemperatur von $t_a = 20^0$ durchgeführt werden.

Es ist zu bestimmen das für die Trocknung nötige Luftgewicht (L), die Austrittstemperatur der Luft (t_n), ihr Volumen vor dem Eintritt V_{La}, nach der Erhitzung auf 100^0 V_{Lh}, beim Austritt V_{Ln} und die aufzuwendende Wärme C_g.

Die Gleichung 10 lautet:

$$\frac{t_h - t_n}{d_n - d_a} = \frac{C_w + C_r + C_g + C_a}{w\,(0{,}2375 + d_a\,0{,}475)}.$$

Darin ist die höchste Lufttemperatur $t_h = 100^0$. Die Außentemperatur ist $t_a = 20^0$ und daher der Wassergehalt von 1 kg Luft aus Tabelle I, Spalte 11, $d_a = 0{,}0148$ kg, das zu verdampfende Wassergewicht ist w = 100 kg.

Das Trockengut und sein Wassergehalt habe die Temperatur $t_u = 15^0$, den Wärmeaufwand $C_r + C_g + C_a$ wollen wir zunächst nicht berücksichtigen, dann ist die zum Wasserverdampfen nötige Wärme:

$$C_w = (640 - 15)\,100 = 62\,500 \text{ WE}.$$

Diese Werte in die Gleichung 10 eingesetzt:

$$\frac{100 - t_n}{d_n - 0{,}0148} = \frac{62\,500}{100\,(0{,}2375 + 0{,}0148 \cdot 0{,}475)}\ \text{WE}.$$

$$\frac{100 - t_n}{d_n - 0{,}0148} = 2556{,}2\ \text{WE}.$$

Die Größen t_n (Austrittstemperatur) und d_n (Wassergehalt eines kg Luft bei dieser Temperatur) sind voneinander direkt abhängig, derart, daß für eine bestimmte Temperatur auch der höchste Wassergehalt der Luft dabei bestimmt und bekannt ist; allein diese Größen sind nicht durcheinander ausdrückbar. Man ist also gezwungen, durch probeweises Einsetzen verschiedener Werte für t_n und des dazu gehörigen aus Tabelle I, Spalte 11 ersichtlichen d_n so lange zu rechnen, bis die beiden Seiten der Gleichung gleich werden.

Nach einigem Probieren haben wir nun gefunden, daß für $t_n = 36{,}25^0$ und das zugehörige $d_n = 0{,}0397$ (Tabelle I, Spalte 11 durch Interpolieren)

$$\frac{100 - 36{,}25}{0{,}0397 - 0{,}0148} = 2550$$

wird, was mit dem zu findenden 2556,6 genau genug übereinstimmt.

Die Austrittstemperatur aus dem Trockenapparat ist also $36{,}25^0$.

Das Luftgewicht (L) ergibt die Gleichung 8.

$$L = \frac{w}{d_n - d_a} = \frac{100}{0{,}0398 - 0{,}0148} = 4000\ \text{kg}.$$

Das Gewicht der Feuchtigkeit $L \cdot d_a$, die ursprünglich in den 4000 kg atmosphärischer Luft enthalten war, findet man durch Multiplikation des Luftgewichtes mit der Zahl, die angibt, wieviel gesättigter Dampf in 1 kg Luft von 20^0 enthalten sein kann, das ist $d_a = 0{,}0148$ (Tabelle I, Spalte 11).

In den 4000 kg Luft waren also ursprünglich enthalten:

$$L \cdot d_a = 4000 \cdot 0{,}0148 = 59{,}20\ \text{kg Wasserdampf}.$$

Das Volumen der Luft V_{La} und V_{Ln} in Kubikmeter vor dem Eintritt und beim Austritt ergibt sich durch Division des Gewichtes von 1 cbm trockener Luft bei den betreffenden Temperaturen (20^0 und $36{,}25^0$) in das nötige Luftgewicht (L) (Tabelle I, Spalte 8):

für 20^0:

$$V_{La} = \frac{4000}{1{,}1771} = 3389\ \text{cbm},$$

für $36{,}25^0$:

$$V_{Ln} = \frac{4000}{1{,}0750} = 3821\ \text{cbm}.$$

Das Volumen der erhitzten Luft V_{Lh} folgt aus Gleichung 14:

$$V_{Lh} = L\left[\frac{273 + t_h}{p}\,(29{,}27 + 46{,}83\ d_a)\right],$$

worin zu setzen ist:

$p = 10\,336$ kg $\quad t_h = 100^0 \quad L = 4000$ kg $\quad L \cdot d_a = 59{,}20$ kg, daher:

$$V_{Lh} = \frac{273 + 100}{10\,336} (29{,}27 \cdot 4000 + 59{,}20 \cdot 46{,}83) = 4323 \text{ cbm.}$$

Endlich ist noch die **Wärmemenge** C_s zu berechnen, die zur Erhitzung der 4000 kg Luft und 59,20 kg Wasserdampf von 20° auf 100° nötig ist; sie erscheint aus Gleichung 12:

$$C_s = (L \cdot 0{,}2375 + L \cdot d_a\, 0{,}475)\,(t_h - t_a),$$

worin:

$$L = 4000 \qquad L \cdot d_a = 59{,}20 \qquad t_h = 100^0 \qquad t_a = 20^0$$

$$C_s = (4000 \cdot 0{,}2375 + 59{,}20 \cdot 0{,}475)\,(100 - 20) = 78\,250 \text{ WE.}$$

In dieser Weise sind die Zahlen der Tabelle III gefunden worden.

Soll bei den Annahmen des Beispiels 3 der für den Rückstand (R), die Gestelle (G) und die Ausstrahlung C_a erforderliche Wärmeaufwand durch Rechnung berücksichtigt werden, und sei er für 100 kg Wasserverdunstung gleich:

$$C_r = R \cdot \sigma_r\,(t_h - t_u) = 400 \cdot 0{,}5\,(100 - 15) = 17\,000 \text{ WE.}$$
$$C_g = G \cdot \sigma_g\,(t_h - t_u) = 1000 \cdot 0{,}65\,(100 - 15) = 55\,250 \text{ „}$$
$$C_a = \qquad = 7\,825 \text{ „}$$
$$80\,075 \text{ WE.}$$

so ergibt sich:

$$C_n = C_w + C_r + C_g + C_a = 139\,575 \text{ WE.}$$

Dies in die Gleichung 10 gesetzt:

$$\frac{100 - t_n}{d_n - 0{,}0148} = \frac{139\,575}{100\,(0{,}2375 + 0{,}0148 \cdot 0{,}475)} = 5710,$$

woraus mit $t_n = 29{,}5$ und dem (Tab. I) entsprechenden $d_n = 0{,}0268$ erscheint:

$$\frac{100 - 29{,}5}{0{,}0268 - 0{,}0148} \cong 5800.$$

Die **Austrittstemperatur** aus dem Trockenapparat ist dann 29,5° Das Luftgewicht (L) ergibt die Gleichung 8:

$$L = \frac{100}{0{,}0268 - 0{,}0148} = 8333 \text{ kg.}$$

In den 8333 kg Luft befanden sich ursprünglich:

$$L_{da} = 8333 \cdot 0{,}0148 = 113{,}73 \text{ kg Wasserdampf. (Tabelle I.)}$$

Das Luftvolumen beim Eintritt (20° C) ist:

$$V_{La} = \frac{8333}{1{,}1771} \cong 7100 \text{ cbm,}$$

beim Austritt (29,5°):

$$V_{Ln} = \frac{8333}{1{,}15} = 7247 \text{ cbm.}$$

Das Volumen der erhitzten Luft folgt aus Gleichung 14:

$$V_{Lh} = 8333 \left(\frac{273 + 100}{10336} (29{,}27 + 46{,}83\, d_a)\right) = 8225 \text{ cbm}.$$

Den gesamten Wärmeverbrauch C_s, um 7518 kg Luft mit 111,3 kg Wasser von 20° auf 100° zu erwärmen, ergibt die Gleichung 12:

$$C_s = (8333 \cdot 0{,}2375 + 113{,}73 \cdot 0{,}475)\,(100 - 20) = 162\,640 \text{ WE}.$$

Es zeigt sich, daß die Vergrößerung aller dieser Resultate gegen die vorher genannten erheblich ist und nicht ohne weiteres durch einen Sicherheitszuschlag berücksichtigt werden kann.

Aber es gibt Fälle, in denen der Wärme m e h r bedarf über den der bloßen Wasserverdunstung gering ist, z. B. wenn das Trockengut 50% Feuchtigkeit von 20° und eine spez. Wärme = 0,25 hat, so ist der Wärmeaufwand für die Erwärmung 50 · 0,25 · 80 = 1000 WE., und für die Verdunstung 50 · 620 = 31000 WE.

Wenn die Gestelle im Trockenraum verbleiben, sind sie nur einmal zu erwärmen, und C_g fällt in dieser Gleichung aus.

Es ist wohlgetan, sich bei jeder Anlage durch Rechnung von diesen Umständen zu unterrichten.

Im allgemeinen wird zur Bestimmung der Abmessungen einer Anlage für bestimmte Zwecke nur die Kenntnis der Grenzfälle, in denen die zu verwendende Luft entweder am kältesten oder am wärmsten ist, erforderlich sein; aber bisweilen sind auch die Zwischenzahlen angenehm; daher wurden in dieser Tabelle III auch einige z w i s c h e n den Grenzen liegende Fälle berechnet, während später nur diese angegeben sind. Als Grenzen der atmosphärischen Lufttemperatur sind — 20° und + 30° angesehen.

Aus der Tabelle III können einige wertvolle Schlüsse gezogen werden.

Zunächst, daß der Wärmeverbrauch beim Trocknen mit Luft sehr abnimmt mit der Temperaturhöhe, bis zu der die Luft vorgewärmt wird (t_h). Bei geringer Lufterwärmung ist der Wärmeaufwand C_s zum Auftrocknen von 100 kg Wasser sehr groß, 2 ÷ 3 mal so groß als die zum Verdampfen des Wassers theoretisch nötige Wärme C_w.

Sodann wird erkannt, daß die aufzuwendende Wärme stark zunimmt, wenn die Außentemperatur abnimmt. Je kälter die

Atmosphäre ist, um so mehr Wärme erfordern 100 kg Wasser zum Auftrocknen.

Ferner ist zu beobachten, daß das in den Trockenraum zu führende Luftgewicht wächst mit ihrer zunehmenden ursprünglichen Wärme t_a. Je kälter die Außentemperatur ist, um so weniger Luft braucht bei gleicher Höchsttemperatur in einen Trockenapparat geleitet zu werden, vorausgesetzt, daß die atmosphärische Luft immer mit Wasserdampf gesättigt gedacht wird. Aber die geringere Menge kalter Luft erfordert doch zu ihrer Vorwärmung auf die Temperatur t_h viel mehr WE. als die größere Menge Luft bei höherer Außentemperatur.

Es folgen hieraus die Regeln:

1. der Heizluft ist vor ihrem Eintritt in den Trockenraum stets die für den zu trocknenden Stoff höchste zulässige Temperatur zu geben,
2. die Heizfläche ist so groß zu wählen, daß sie auch an den kältesten Tagen ausreicht,
3. die Luftbewegungsvorrichtung ist so groß anzuordnen, das sie auch an den wärmsten Tagen die große Luftmenge fördern kann.

In kalten Tagen sind dann die Heizflächen hinreichend, die Luftbewegungseinrichtungen aber zu groß, und brauchen weniger beansprucht zu werden. In warmen Tagen sind die Luftbewegungseinrichtungen genügend und die Heizflächen zu groß, so daß sie nur teilweise in Tätigkeit sind.

Das für die Trocknung in der Zeiteinheit gebrauchte Luftgewicht hat ein sehr veränderliches Volumen. Vor dem Eintritt in den Trockenraum ist es am kleinsten (Tabelle III, Spalte 5), nach dem Erhitzen ist es am größten (Spalte 6), beim Austritt aus dem Trockenraum hat es eine mittlere Größe (Spalte 7).

Um der Luft in keinem Teile des Apparates eine übermäßige Geschwindigkeit zu geben, wird man die Kanäle, die Querschnitte, die die Luft durchströmen muß, diesem verschiedenen Raumbedürfnis entsprechend bemessen. Wenn die Luftbewegung mechanisch geschehen soll, so ist es immer am vorteilhaftesten wenig Luft zu bewegen. Daher könnte es angezeigt erscheinen, die mechanische Luftbewegungsvorrichtung (Schleudergebläse, Ventilator) vor dem Heizraum anzuordnen. Geht dies nicht an, so sollen sie am Austritt stehen, aber hinter dem Heizraum wäre das Gebläse am unrechten Platz.

Die Gebläse bewirken in dem angesaugten Luftstrom eine kleine Verdünnung, im gepreßten Luftstrom eine kleine Verdichtund, und weil es, wie später noch deutlich werden wird, für die Leistung und für den Wärmeverbrauch günstig ist, wenn im Trockenraum die Spannung geringer als in der umgebenden Luft ist, so ist die Anwendung des Gebläses am Ausgang der Luft zu empfehlen. Es ist also anzuraten, die Luft nicht in den Trockenraum zu drücken, sondern aus ihm abzusaugen.

Der Barometerstand schwankt in der Ebene vielleicht zwischen 740 und 780 mm: Die Tabelle III ist nur für 760 mm berechnet, weil selbst so große und seltene Schwankungen wie 20 mm Quecksilbersäule nur einen sehr geringen Einfluß auf das Gewicht und das Volumen der benötigten Luft ausüben, so daß dieser Einfluß bei den Zahlen der Tabelle sich kaum bemerklich machen würde. Aber so gering immer der Einfluß ist, so ist er doch zugunsten des höheren Barometerstandes; d. h. je höher der Barometerstand, desto weniger Luft wird zum Trocknen gebraucht und desto billiger wird unter sonst gleichen Umständen diese Leistung. Je niedriger der Barometerstand, desto mehr Luft und Wärme ist zum Auftrocknen eines bestimmten Gewichtes Wasser nötig. Allerdings ist das zugunsten des Druckes sprechende Mehr oder Weniger sehr gering.

Das Gesagte gilt nur für die Annahme, daß der Druck im Trockenraum gleich dem der Umgebung ist; nur wenn der Barometerstand im Trockenraum und außerhalb desselben gleich ist, hat ein hoher Druck Vorteile. Anders ist es aber, wenn künstlich im Trockenraum eine andere, höhere oder niedrigere Spannung erzeugt wird, als sie in der Atmosphäre herrscht. In diesen Fällen ist, wie in Abschnitt 7 gezeigt werden wird, der niedrigere Druck im Apparat vorteilhaft.

B. Wenn die atmosphärische Luft vor ihrem Eintritt ganz, bei ihrem Austritt aber nur $^3/_4$—$^1/_2$—$^1/_4$ mit Wasserdampf gesättigt ist Tabellen IV, V, VI, VII.

Für die Berechnung der Tabellen I und III war angenommen worden, daß die atmosphärische, in den Apparat zu führende Luft und ebenso die den Apparat verlassende Luft vollkommen mit Wasserdampf gesättigt seien, und nur für diesen Fall sind die Zahlen jener Tabellen zu verstehen.

Allein diese vollkommene Sättigung der Luft beim Eintritt und Austritt kommt doch wohl kaum vor. Weder ist gewöhnlich die atmosphärische Luft ganz mit Wasser angefüllt, noch auch gelingt es, die Trockenapparate so einzurichten, daß die Luft sie in diesem Zustande verläßt.

Nun sollen die Fälle betrachtet werden, in denen die Luft zwar ganz gesättigt in den Apparat strömt, diesen aber nicht ganz gesättigt verläßt.

Die Luft ist gesättigt, wenn ihre Volumeneinheit so viel Wassergewicht enthält, wie diese Volumeneinheit auch ohne Anwesenheit der Luft besitzen könnte. Die Luft ist $^3/_4$, $^1/_2$, $^1/_4$ mit Wasserdampf gesättigt, wenn ihre Volumeneinheit nur $^3/_4$, $^1/_2$, $^1/_4$ von dem Gewicht an Wasser enthält, das sie im Höchstfall besitzen könnte.

Mit dem abnehmenden Sättigungsgrade der Luft nimmt auch die Spannung des Wasserdampfes in der Luft ab, und da der barometrische Druck die Summe von Wasser- und Luftdruck ist, so folgt, daß die Volumeneinheit ein um so größeres Luftgewicht enthält, ein je geringeres Wassergewicht sie einschließt.

Um für die sogleich folgenden Rechnungen die nötigen Zahlen zur Hand zu haben, ist die Tabelle IV aufgestellt worden, in der die Spannungen und Kubikmetergewichte von Wasserdampf und Luft bei Sättigungsgraden von $^3/_4$, $^1/_2$, $^1/_4$ angegeben sind (und zwar nur für den Barometerstand von 760 mm, weil seine Schwankungen erhebliche Änderungen der mitgeteilten Zahlen nicht ergeben).

In den Spalten 2, 7, 12 der Tabelle IV sind die Gewichte von 1 cbm des $^3/_4$, $^1/_2$, $^1/_4$ gesättigten Wasserdampfes bei den Temperaturen von -20^0 bis $+100^0$ vermerkt. Sie wurden gefunden, indem der entsprechende Teil des Dampfgewichtes von 1 cbm aus Tabelle I, Spalte 2, eingesetzt wurde; z. B. bei -20^0 wiegt 1 cbm gesättigten Wasserdampfes 0,00106 kg; folglich wiegt 1 cbm, der die Hälfte des gesättigten Dampfes bei dieser Temperatur enthält, $\frac{0,00106}{2} = 0,00053$ kg (Spalte 7).

In den Spalten 3, 8, 13 stehen die Spannungen dieses

Dampfes; der nur teilweise gesättigte Dampf ist als überhitzt angesehen worden und die Formel 13:

$$\frac{V_d \cdot p_d}{273 + t} = R,$$

worin $R = 46{,}83$ ist, auf ihn angewendet.

Das Gewicht von 1 cbm Dampf ist:

$$\gamma_d = \frac{1}{V_d} \text{ und } V_d = \frac{1}{\gamma_d}.$$

Der Druck p_d in kg/qm bei dem eben betrachteten absoluten Druck q_d, gemessen durch die Quecksilbersäule, ergibt sich:

$$p_d = \frac{p \cdot q_d}{760} = \frac{10336 \cdot q_d}{760} \quad \ldots\ldots \quad (15)$$

worin p den Druck der Atmosphäre auf den qm = 10336 kg bedeutet.

Die Gleichung 13 erhält also die Form:

$$R = \frac{\frac{1}{\gamma_d} \frac{10336 \cdot q_d}{760}}{273 + t} \quad \ldots\ldots \quad (16)$$

Die Spannung des nicht gesättigten Dampfes in der Luft folgt daher:

$$q_d = \frac{R\,(273 + t)\,\gamma_d\,760}{10336} \quad \ldots\ldots \quad (17)$$

Hiernach sind die Spalten 3, 8, 13 der Tabelle IV berechnet.

Beispiel 4. Bei einer Temperatur von -20^0 und einem Sättigungsgrade von $50\% \,(= 1/2)$ ist die Spannung des Dampfes in Millimeter Quecksilbersäule nach Gleichung 17:

$$q_d = \frac{46{,}83\,(272 - 20)\,0{,}00058 \cdot 760}{10\,336} = 0{,}461 \text{ mm}.$$

Die Spalten 4, 9, 14, in denen die Spannung der Luft notiert ist, ergeben sich als Unterschied aus dem Atmosphärendruck von 760 mm und dem Druck des Dampfes q_d.

Beispiel 5. Bei dem eben angeführten Fall ist die Spannung der Luft:

$$q_L = 760 - 0{,}461 = 759{,}539 \text{ mm}.$$

In den Spalten 5, 10, 15 findet sich das Gewicht der trockenen Luft in einem Kubikmeter, der außerdem $^3/_4$, $^1/_2$, $^1/_4$ gesättigten Dampf enthält, bestimmt nach der Gleichung 3:

$$\gamma_L = \frac{0{,}0001252}{1+\alpha t} \cdot \frac{p \cdot q_L}{760}.$$

Die Werte für p und α eingesetzt, folgt:

$$\gamma_L = \frac{0{,}0001252 \cdot 10336 \cdot q_L}{(1+0{,}003665\,t)\,760}.$$

In dem eben angeführten Beispiel für $t_n = -20^0$ und $^1/_2$ Sättigung war $q_L = 759{,}539$ und daher das Luftgewicht in 1 cbm:

$$\gamma_L = \frac{0{,}0001252 \cdot 10336 \cdot 759{,}539}{(1+0{,}003665 \cdot -20)\,760} = 1{,}395 \text{ kg.}$$

Endlich ergeben die Spalten 6, 11, 16, das in 1 kg Luft enthaltene Dampfgewicht durch Division des Luftgewichts (Spalte 10) in das Dampfgewicht (Spalte 7).

Beispiel 6. Für $t = -20^0$ und $^1/_2$ Sättigung

$$d = \frac{\gamma_d}{\gamma_L} = \frac{0{,}00053}{1{,}395} = 0{,}038 \text{ kg.}$$

So ist die Tabelle IV zusammengestellt.

Mit Hilfe dieser sind nun die Tabellen V, VI, VII berechnet worden, die für die Fälle, in denen die Außenluft ganz, die Austrittsluft aber nur $^3/_4$ (V) oder $^1/_2$ (VI) oder $^1/_4$ (VII) gesättigt ist, die zum Auftrocknen von 100 kg Wasser notwendigen Luftgewichte und Volumina, die Austrittstemperatur und den Wärmeverbrauch angeben, ganz ähnlich wie es die Tabelle III für ganz gesättigte Austrittsluft tut.

Die Art der Berechnung ist ganz der im Abschnitt 4 A. auseinandergesetzten ähnlich, doch soll zu größerer Deutlichkeit ein Beispiel durchgeführt werden.

Beispiel 7. Es sollen bei dem Barometerstande von 760 mm w = 100 kg Wasser aufgetrocknet werden durch Luft, die im Höchstfall auf $t_h = 100^0$ erhitzt werden darf, wenn die Außentemperatur $t_a = \pm 0^0$ ist; dabei wird angenommen, daß die Außenluft ganz, die aus dem Apparat gehende Luft nur $^3/_4$ mit Wasserdampf gesättigt sei. Die Temperatur des Trockengutes sei $t_u = 15^0$.

Nach Gleichung 10 ist:

$$\frac{t_h - t_n}{d_n - d_a} = \frac{C_w + C_r + C_g + C_a}{w(0{,}2375 + d_a\,0{,}475)},$$

folglich für:

$$t_h = 100^0 \qquad w = 100\,\text{kg} \qquad C_w = 62500 \qquad d_a = 0{,}00387$$

C_r, C_g und C_a vorläufig nicht berücksichtigt.

(Tabelle I, Spalte 11):

$$\frac{100 - t_n}{d_n - 0{,}00387} = \frac{62500}{100\,(0{,}2375 + 0{,}00387 \cdot 0{,}475)} = 2616\,.$$

Durch probeweises Einsetzen verschiedener Werte für t_n und das dazugehörige d_n aus Tabelle IV, Spalte 6, findet man endlich $t_n = 36^0$ und $d_n = 0{,}0284$, welche die linke Seite = 2610 machen. Die Austrittstemperatur ist also 36^0.

Das nötige Luftgewicht (L) ergibt sich aus Gleichung 8:

$$L = \frac{100}{d_n - 0{,}00387} = \frac{100}{0{,}0284 - 0{,}00387} = 4076\,\text{kg}.$$

Der gesättigte Wasserdunst, der ursprünglich in 4076 kg Luft enthalten war, ist $L \cdot d_a = 4076 \cdot 0{,}00387 = 15{,}774$ kg.

Das Volumen V_{La} der 4076 kg Luft von $t_a = 0^0$ ist nach Tabelle I, Spalte 8:

$$V_{La} = \frac{4076}{1{,}2832} = 3176\,\text{cbm}.$$

Das Volumen V_{Lh} der Luft und des Dampfes nach Erhitzung auf 100^0 ergibt sich aus Gleichung 14, in die einzusetzen ist:

$$t_h = 100^0 \qquad L = 4076 \qquad L_{da} = 15{,}8$$

$$V_{Lh} = \frac{273 + 100}{10\,336}\,(29{,}27 \cdot 4076 + 46{,}83 \cdot 15{,}8) = 4333{,}6\,\text{cbm}.$$

Beim Austritt aus dem Apparat, d. h. bei einer Temperatur von $t_n = 36^0$ und bei 3/4 Sättigung ist das Volumen V_{Ln} der 4076 kg Luft nach Tabelle IV, Spalte 5 (Interpolation):

$$V_{Ln} = \frac{4076}{1{,}094} = 3725{,}8\,\text{cbm}.$$

Endlich findet sich die für die Erhitzung der Luft nötige Wärme nach Gleichung 12:

$$C_s = (4076 \cdot 0{,}2375 + 15{,}8 \cdot 0{,}475)\,(100 - 0) = 97655\,\text{WE}.$$

In dieser Weise sind die Tabellen V, VI, VII berechnet.

Ein Vergleich der Tabelle III mit V, VI, VII lehrt, daß der nötige Luft- und Wärmeverbrauch mit abnehmendem Sättigungsgrade der abgehenden Luft zwar nicht proportional, sondern in geringerem Grade, aber doch sehr erheblich wächst; daß bei hoher Vorwärmung der Luft die Unterschiede am geringsten, bei niedriger Vorwärmung am größten werden, und daß bei sehr warmer Außenluft und niedriger Höchsttemperatur eine Trockenwirkung überhaupt nicht eintritt, wie dies die Tabellen für 35° und 50° Höchsttemperatur bei 30° Außentemperatur andeuten.

Zu dem Zwecke, um durch den Augenschein einen Überblick über die Veränderungen zu bekommen, die Luftmenge, Austrittstemperatur und Wärmeverbrauch erleiden, wenn die Außentemperatur und die höchste Lufterhitzungstemperatur sich ändern, ist nach Tabelle V das Schaubild Tafel II gezeichnet worden.

Auf der Abszisse sind die Außentemperaturen von —20° bis +30° abgesteckt und auf den Ordinaten die Werte für die Volumina der Austrittsluft V_{Ln}, der Austrittstemperatur t_n und des Wärmeverbrauchs C_s angegeben, und zwar für fünf Fälle, nämlich wenn die höchste Lufttemperatur $t_h = 35^0 - 50^0 - 70^0 - 100^0 - 135^0$ beträgt, alles geltend für eine Verdunstung von 100 kg Wasser.

Die Ordinatenzahlen geben die Austrittstemperaturen in °C unmittelbar, aber um die richtigen Werte der Austrittsluftvolumina V_{Ln} in Kubikmetern und den Wärmeverbrauch C_s in WE. zu erhalten, müssen die Ordinatenzahlen mit 1000 multipliziert werden.

Des leichteren Überblicks wegen sind die Kurvenlinien verschieden ausgezogen (dick, dünn, gestrichelt, punktiert) und immer die zu derselben höchsten Lufttemperatur gehörigen in gleicher Weise ausgeführt.

C. Wenn die atmosphärische Luft vor ihrem Eintritt in den Trockenapparat nicht mit Wasserdampf gesättigt ist. Tabellen VIII, XIII und Tafel XI.

Wenn die atmosphärische Luft vor ihrem Eintritt in den Trockenapparat nicht ganz mit Wasserdampf gesättigt ist, so bedeutet das nichts anderes, als daß 1 kg der atmosphärischen Luft nicht so viel Wasser enthält, als es bei seiner dermaligen Temperatur höchstens enthalten könnte, sondern nur so viel, wie es bei einer niedrigeren Temperatur höchstens enthalten könnte.

Z. B. 1 kg Luft von 15° kann im gesättigten Zustande 0,0108 kg Wasser aufnehmen; wenn 1 kg Luft aber in einem bestimmten Fall nur halb so viel enthält, nämlich = 0,0054 kg, so ist das so viel, wie gesättigte Luft von 5° höchstens einschließen kann.

Mit Hilfe der Gleichungen 8 und 10 kann natürlich auch für solche Umstände alles Erforderliche berechnet werden, allein man kann sich auch der schon für volle Sättigung berechneten Tabellen dazu bedienen. Zu diesem Zweck ist aus der Tabelle I und der Tafel III eine kleine Zusammenstellung abgeleitet, die die Temperaturgrade angibt, bei denen Luft mit einem bestimmten Wassergehalt ganz gesättigt ist, und ferner die höheren Temperaturgrade, bei denen sie mit demselben Wassergehalt nur etwa 90 ÷ 10% gesättigt sein würde.

Wenn daher die zum Trocknen zur Verfügung stehende Luft bei ihrer derzeitigen Temperatur nicht ganz (etwa nur $^3/_4$, $^1/_2$, $^1/_4$) mit Wasserdampf gesättigt ist, so kann man mit Hilfe der Tabellen I, VIII und XIII und der Tafel XI allemal leicht diejenige Temperatur finden, bei der diese Luft mit demselben Wassergewicht in 1 kg Luft ganz gesättigt sein würde. Man braucht z. B. auf der Tafel XI nur von a nach b zu gehen, um zu sehen, daß Luft, die bei 60° halb gesättigt ist, bei 45° ganz gesättigt ist.

Zum Auftrocknen eines bestimmten Wassergewichts braucht man also entweder X kg atmosphärische Luft von der Temperatur T_a, die y kg Wasser enthalten, womit diese Luft nicht gesättigt ist, oder aber ein anderes, kleineres Luftgewicht x von der niedrigeren Temperatur t_a, das auch y kg Wasser enthält, womit es dann aber ganz gesättigt ist.

Da im zweiten Fall für dieselbe Leistung weniger Luft nötig ist, so verbraucht man auch weniger Wärme, und weil die x kg Luft schon von Anfang an die Temperatur T haben, so braucht man auch die Wärme weniger, die nötig wäre, die x kg Luft von t_a auf T_a zu erhöhen.

Wir wollen nun betrachten, in welcher Art sich die Ergebnisse der zur Berechnung verwendeten Gleichungen 8, 10 und 14 ändern, wenn die Eintrittsluft nicht gesättigt ist.

In der Gleichung 10, mit deren Hilfe die Luftaustrittstemperatur bestimmt werden soll, sei d_a (der Wassergehalt von 1 kg Luft beim Eintritt) kleiner, nämlich nur 90% ÷ 10% so groß wie bei voller Sättigung. Man kann sich aber denken, die Luft hätte nicht die Temperatur, die sie wirklich hat, sondern eine solche niedrigere Temperatur, daß sie mit diesem Wassergehalt d_a völlig gesättigt wäre, und diese niedrigere Temperatur erfährt man aus Tabelle VIII und Tafel XI.

Beispiel 8. Ist die Luft 25° warm, so könnte sie bei 760 mm Barometerstand in 1 kg $d_a = 0{,}0202$ kg Wasser enthalten (Tabelle I, Spalte 11). Hat sie nun aber tatsächlich nur 0,01010 kg, so ist sie ½ gesättigt. Mit diesem Wassergehalt ($d_a = 0{,}01010$ kg) wäre eine Luft von 15° ganz gesättigt.

Da für die Gleichung 10 die ursprüngliche Temperatur der Luft keine Bedingung ist, so erhält man aus ihr durch Einsetzung des Wertes $d_a = 0{,}01010$ sowohl die Temperatur der abgehenden Luft t_n als auch deren Wassergehalt d_n nun ganz richtig, gleichgültig, wie immer die Temperatur der Außenluft auch sei. Beide Größen sind etwas kleiner, als sie bei $d_a = 0{,}0202$ wären.

Auch das Luftgewicht L finden wir aus der Gleichung 8 richtig durch Einsetzen von $d_a = 0{,}01010$ und des aus Gleichung 10 gefundenen t_n, und zwar wieder kleiner, als es bei $d_a = 0{,}0202$ sein würde.

Das Volumen des richtigen Luftgewichtes L als Außenluft V_{La}, das bei 15° gesättigt ist, ist etwas kleiner, als es bei 25° halb gesättigt wäre; aber dieser Unterschied ist nicht sehr groß, und er kommt für die Trockenanlage nicht sehr in Betracht, da nicht die eintretende, sondern die abgehende Luft gefördert zu werden pflegt.

Das Volumen der erhitzten Luft und das der abgehenden Luft (V_{Lh} und V_{Ln}) wird bestimmt durch ihr Gewicht und ihre Temperatur. Beide Faktoren sind vollkommen gleich für beide Fälle, ob halbgesättigte Luft von 25° oder ganz gesättigte von 15° eingeführt wird, und daher sind es auch die Volumina.

Die zur Erwärmung der Luft nötige Wärmemenge C_s ergibt sich aus der Gleichung 12, in der die Außentemperatur t_a

selbst auftritt. Wir haben gesehen, daß bei den Gleichungen 8 und 10 die Ergebnisse (Austrittstemperatur, Gewichte, Volumina), die für die bei einer gewissen Temperatur nicht gesättigte Luft gesucht werden, fast genau gleich sind denen, die man in den Tabellen III, V, VI, VII für ganz gesättigte Luft geringerer Temperatur finden kann.

Bei dem Wärmeverbrauch verhält es sich anders.

Dieser ist um diejenige Wärme geringer, die nötig ist, die Luft von der Sättigungstemperatur (im Beispiel 8 ist es 15°) auf ihre wirkliche Temperatur t_a, bei der sie nicht gesättigt ist (im Beispiel 25°), zu bringen. Der Wärmeverbrauch C_s ist also nur $\frac{t_h - T_a}{t_h - t_a}$ von dem der Luft bei ihrer niedrigeren Sättigungstemperatur.

Will man nun also bei der Berechnung einer Trockenanlage der in den Tabellen III, V, VI, VII gemachten Annahme, daß die Außenluft vor ihrem Eintritt in den Heizraum ganz und gar mit Wasser gesättigt ist, nicht folgen, sondern will man einen anderen, geringeren Sättigungsgrad der Außenluft voraussetzen (den man dann wohl nie unter 50%, besser wenigstens 75% wählen wird), so kann man doch die Tabellen III, V, VI, VII benutzen, wenn man, wie folgt, verfährt:

Man sucht aus der Tabelle VIII diejenige Temperatur, bei der die Luft ganz gesättigt sein würde, wenn sie bei t_a (ihrer wirklichen) nur 90% ÷ 10% gesättigt ist.

Hierauf findet man in den Tabellen III, V, VI, VII (je nachdem man annimmt, daß die abgehende Luft ganz [III], ³/₄ [V], ¹/₂ [VI], ¹/₄ [VII] gesättigt sein wird) neben der aus Tabelle VIII gefundenen geringeren Sättigungstemperatur in Spalte 2 die richtigen Austrittstemperaturen, in Spalte 3 das richtige Luftgewicht L, in Spalte 5 das nur wenig zu kleine Außenvolumen V_{La} und in den Spalten 6 und 7 die richtigen Volumina der Luft nach dem Erhitzen und beim Austritt V_{Lh} und V_{Ln}.

Luft, die bei einer gewissen Temperatur ganz gesättigt ist, wäre, wie aus Tabelle VIII für die hier in Betracht kommenden Temperaturen ersichtlich ist, mit demselben Wassergehalt ³/₄ gesättigt, wenn sie etwa 5° wärmer — ¹/₂ gesättigt, wenn sie etwa 10° wärmer — und 1/4 gesättigt, wenn sie etwa 15° wärmer wäre. Man geht also nicht sehr fehl, wenn man die Verminderung des Wärmeverbrauchs bei 3/4 gesättigter Außenluft gleich der zur Erwärmung der Luft L um 5° (d. h. $= 5 \cdot L \cdot 0{,}2375$) — bei 1/2 gesättigter Luft um 10° (d. h. $= 10 \cdot L \cdot 0{,}2375$) — bei 3/4 gesättigter Luft um 15° (d. h. $= 15 \cdot L \cdot 0{,}2375$) nötigen Wärme annimmt. Durch den ungleichen Wassergehalt der Luft werden die Resultate zwar noch etwas verschoben, indes nicht mehr als um 1/2 ÷ 5%, so daß diese Verbesserungen in sehr vielen Fällen vernachlässigt werden können.

Will man also annehmen, daß die Außenluft vor Eintritt in den Heizraum der Trockenapparate nicht ganz, wie es den Tabellen III, V, VI, VII zugrunde gelegt ist, sondern nur 3/4 mit Wasserdunst gesättigt sei, so findet man in den Tabellen V, VI, VII, Spalte 9, die Temperatur der 3/4 gesättigten Außenluft und in Spalte 10 den wirklichen Wärmeverbrauch dabei angegeben.

Beispiel 9. Es sollen 100 kg Wasser aufgetrocknet werden mit Außenluft von 30°, die nur 3/4 gesättigt ist, unter der Voraussetzung, daß die Austrittsluft ganz gesättigt sei. Die Höchsttemperatur ist $t_h = 50°$.

Nach Tabelle VIII ist Luft, die bei 30° nur 3/4 gesättigt ist, mit demselben Wassergehalt bei 25° ganz gesättigt.

In der Tabelle III findet man dann unter der Höchsttemperatur $t_h = 50°$ neben $t_a = 25°$ Außentemperatur die gewünschten Angaben für bei 25° ganz gesättigte Luft, die unverändert auch für Luft gelten, die bei 30° nur 3/4 gesättigt ist, nämlich: die Austrittstemperatur $t_n = 30°$, das Luftgewicht $= L = 13\,700$ kg, das Gewicht der Feuchtigkeit $= L \cdot d_a = 276{,}74$ kg, das Volumen der Außenluft $= V_{La} = 11\,970$ cbm, das Volumen der erhitzten Luft $= V_{Lh} = 12\,845$ cbm, das Volumen der Austrittsluft $V_{Ln} = 12\,267$ cbm.

Den Wärmeverbrauch muß man berechnen. Er ist gleich dem in der Tabelle angegebenen $= 84\,625$ weniger:

$L\,(0{,}2375 + d_a\;0{,}475)\,5 = (13\,700 \cdot 0{,}2375 + 276{,}7 \cdot 0{,}475)\,5 = 16925$ WE.

d. h. der gesamte Wärmeverbrauch ist $= 84\,625 - 16\,925 = 67\,700$ WE.

D. Gleichstrom und Gegenstrom.

Die Gleichungen 8, 10, 12 gelten sowohl für den Fall, daß Trockengut und Luft sich in gleicher Richtung (im Gleichstrom), als auch für den Fall, daß sich beide in entgegengesetzter Richtung (im Gegenstrom) durch den Trockenraum bewegen, und da sie zeigen, daß zum Auftrocknen eines gewissen Wassergewichts um so weniger Luft und Wärmeaufwand erforderlich wird, je wärmer die Luft an das Trockengut tritt und es verläßt, ist es nur die Frage, ob der Gleichstrom oder der Gegenstrom höhere Lufttemperaturen anzuwenden erlaubt. Solange die erwärmte Luft nicht mit Feuchtigkeit gesättigt ist, ist der in ihr enthaltene Dampf überhitzt und hat eine geringere Spannung, als seiner augenblicklichen Temperatur entsprechen würde, nämlich nur die Spannung der Temperatur, die die Luft haben müßte, um mit seinem augenblicklichen Gewicht gesättigt zu sein. Z. B. Tabellen IV, VIII und IX. Bei 80° enthält 1 cbm Luft halb gesättigt 0,1478 kg überhitzten Wasserdampf, dessen Spannung nicht etwa 354,6 mm Q (Tabelle IV) beträgt, sondern (da 1 cbm Luft, der mit diesem Wassergewicht [0,1478 kg] gesättigt ist, 62,8° warm ist) nur etwa 177,3 mm Q. Dies ist dann die Temperatur, über die hinaus das Trockengut und die in ihr enthaltene Feuchtigkeit erwärmt werden müssen, um Wasserdampf an die umgebende Luft abgeben zu können. Denn offenbar muß der Dampf aus dem Trockengut doch wenigstens die Spannung des Dampfes (in der Luft) haben, mit dem er sich mischen (diffundieren) soll. Soll das Gut ganz und gar von aller Feuchtigkeit befreit werden, so muß es auch bis in seinen innersten Kern die Temperatur des als gesättigt gedachten Dampfes annehmen, aber da die Austrocknung nur allmählich mehr oder weniger langsam von außen nach innen vor sich geht, je nach der meistens geringen Wärmeleitfähigkeit des Trockenguts, so werden dessen Stücke leicht außen wärmer als innen und um so ungleicher warm sein, je größer sie sind. Deshalb geschieht es leicht, daß die Stücke nicht nur die Temperatur des als gesättigt gedachten Dampfes, sondern die höhere der Luft selbst annehmen, was ihnen schaden kann, wenn sie nicht gegen Wärme unempfindlich sind, wie viele anorganische Körper. Solange das Gut noch recht viel Feuchtigkeit bewahrt, ist diese Gefahr, selbst für pflanzliches und tierisches Trockengut, nicht zu befürchten, weil die verdunstende Feuchtigkeit ja die Wärme bindet. Selbst nur 10÷20% nasse Stoffe pflegen meistens auch durch recht warme Gase noch nicht zu leiden, und da viele von ihnen mit einem Wassergehalt von 9 : 15% als genügend getrocknet gelten, können sie sehr vorteilhaft mit Rauchgasen im Gleichstrom behandelt werden, aber es ist doch wohl geboten, darauf zu achten, daß völliger Temperaturausgleich zwischen heißester Luft und Trockengut nicht eintritt. Das getrocknete Gut, das am gefährdetsten ist, kommt nun beim Gegenstrom mit der heißesten Luft, beim Gleichstrom nur mit der schon kühleren Abluft in Berührung, was offenbar günstig wirkt. Beim Gleichstrom trifft die heißeste Luft den feuchtesten Stoff und sie verläßt ihn, der noch etwas feucht ist, abgekühlt. Für empfindliche Körper, die nach dem Trocknen noch etwas Feuchtigkeit behalten dürfen, ist daher die Gleichstromanlage am Platze, Stoffe aber, die völlig ausgetrocknet werden sollen, bedürfen öfter des Gegenstroms, weil dieser die trockenste, also nach Wasser begierigste Luft, dem trockensten Gut zuführt. Der gleiche Strom entläßt die Körper mit der höchsten Temperatur, was oft ein Wärmeverlust sein kann. Beim Gleichstrom trifft die heiße Luft die feuchteste Masse, wodurch diese schnell an ihrer Oberfläche austrocknet, was nicht immer zulässig ist. Beim Trocknen der mit so gar vielfältigen Eigenschaften behafteten Körper sind so viele verschiedene Bedingungen zu erfüllen, daß allgemeingültige Regeln weder über die Anwendung der Lufttemperaturen noch der Strömungsrichtungen aufgestellt werden können. Grundsätzlich hat bezüglich des Wärmeverbrauchs keins der Verfahren vor dem andern etwas voraus, aber höhere Luftabgangstemperaturen ermöglichen beim Gleichstrom oft Ersparnisse.

Hier folgen einige ausgerechnete Beispiele, bei denen allen angenommen wird, daß $w = 100$ kg Wasser durch ganz gesättigte Luft von $t_a = 20^0$ C aufzutrocknen ist und daß dem Trockengut jedesmal $C_n = 65000$ WE. zuzuführen sind, einmal im Gegenstrom bei Höchsttemperaturen der Luft von $t_n = 30 \div 90^0$ C, sodann im Gleichstrom bei Ablufttemperatur der Luft von $t_n = 30 \div 90^0$ C. Die nicht unerheblichen Unterschiede in bezug auf den Luft- und Wärmeverbrauch zeigen sich deutlich.

Beispiele:

$C_r+C_g+C_w+C_a=$ $C_n=$	65 000	65 000	65 000	65 000	65 000	65 000	65 000	WE
Höchste Berührungs-temperatur . . . =	30	40	50	60	70	80	90	°C
Gegenstrom								
Höchsttemp. d. L. $t_h=$	30	40	50	60	70	80	90	°C
Außentemp. d. L. $t_a=$	20	20	20	20	20	20	20	°C
Dampfgew. dab. $t_n=$	0,0148	0,0148	0,0148	0,0148	0,0148	0,0148	0,0148	kg
Endtemperatur $d_a=$	26	29	31,2	34	36	37,5	40	°C
Dampfgew. dab. $d_n=$	0,0163	0,0190	0,0216	0,0255	0,0288	0,0310	0,0351	kg
Luftgewicht . . L =	66 666	24 000	14 700	9 345	7 148	6 172	4 950	kg
Wärmeaufwand $C_s=$	160 000	116 200	105 800	89 700	85 680	83 880	82 160	WE
Gleichstrom								
Außentemp. . $t_a=$	20	20	20	20	20	20	20	°C
Dampfgew. dab. $d_a=$	0,0148	0,0148	0,0148	0,0148	0,0148	0,0148	0,0148	kg
Endtemp. d. L. . $t_n=$	30	40	50	60	70	80	90	°C
Dampfgew. dab. $d_n=$	0,0205	0,0351	0,0651	0,109	0,189	0,317	0,700	kg
Höchsttemp. d. L. $t_h=$	45	94	183	308	528	875	1 890	°C
Luftgewicht . L =	17 540	4 926	1 988	1 062	575	331	146	kg
Wärmeaufwand $C_s=$	105 000	87 320	77 430	73 150	70 100	67 880	65 500	WE

Über die ungefähren Temperaturen, die dem in warmer Luft enthaltenen überhitzten Dampf entsprechen würden, wenn er gesättigt wäre, gibt die Tabelle IX Auskunft.

Rauchgase enthalten immer Wasserdampf, der zum Teil mit der zur Verbrennung erforderlichen Luft eingeführt wird, zum andern Teil sich bei der Verbrennung bildet, aber sie können durch Abgabe ihrer Wärme an Wasser noch erhebliche Mengen davon aufnehmen. So lange ihre Temperatur dabei 100° oder höher bleibt, muß (bei atmosphärischer Spannung) der Dampf in ihnen überhitzt sein, folglich gibt es dann keinen Sättigungszustand für sie und es kann zwischen 100 und 1000° jedes Mischungsverhältnis zwischen überhitztem Dampf und Luft eintreten.

Wenn hocherhitzte Luft oder Rauchgase so viel Feuchtigkeit aufnehmen, daß sie beim Ausgang damit gesättigt sind, so liegt die Temperatur des schließlich entstandenen Dampf-Luftgemisches stets unterhalb von 100° C (d. h. $t_n < 100°$).

Z. B. Nach Gleichung (10) für $t_h = 900$, $t_n = 20$, $d_a = 0{,}0148$, $w = 100$ kg, $C_n = 65\,000$ WE. ergibt sich die Ablufttemperatur $t_n = 72^0$ und $d_n = 0{,}328$, das Luftgewicht $L = 319$ kg, der Wärmeaufwand $C_s = 67\,457$ WE.

Wird die Ablufttemperatur t_n auf 100^0 gehalten, so bildet sich:

$d_n = 0{,}304$ kg, $L = 346$ kg, $C_s = 76\,390$ WE.

Ist die Ablufttemperatur $t_n = 150^0$, so entsteht:

$d_n = 0{,}2998$ kg, $L = 351$ kg, $C_s = 78\,071$ WE.

Es ist also auch bei Gleichstrom-Trockenanlagen mit Rauchgasen dahin zu streben, die Abluft möglichst gesättigt und unterhalb von 100^0 zu entlassen.

Aus der nachstehenden kleinen Zusammenstellung sind die angenäherten Volumina von 1 kg Luft mit 0,1÷0,5 kg Wasserdampf bei Temperaturen von 100÷150° zu entnehmen:

	1 kg Luft mit 0,1	0,2	0,3	0,4	0,5 kg Dampf	
nimmt bei t_h^0		den Raum	ein von:			
100°	1,221	1,386	1,551	1,726	1,881	cbm
110°	1,245	1,422	1,590	1,761	1,926	,,
120°	1,283	1,459	1,630	1,806	1,958	,,
130°	1,300	1,501	1,674	1,837	2,030	,,
140°	1,350	1,540	1,720	1,909	2,085	,,
150°	1,378	1,571	1,751	1,950	2,125	,,

5. Einige Beziehungen von Luft und Wasserdampf, die aus dem Vorhergehenden folgen. Tabellen X, XI, XII, XIII.

Für manche Betrachtung ist es ganz angenehm, leicht übersehen zu können, wie groß die Luftmenge ist, die bei verschiedenen Sättigungsgraden und Temperaturen 1 kg Wasserdampf enthalten kann, und daher ist die Tabelle X beigegeben, deren Aufstellung mit Hilfe der Tabellen I und IV geschah.

Beispiel 10. Bei 0° enthält 1 kg Luft (3/4 gesättigt) 0,00288 kg Wasser (Tabelle IV), folglich enthalten $\frac{1}{0{,}00288} = 347$ kg Luft 1 kg Wasser, Das Gewicht der trockenen Luft in 1 cbm ist = 1,286 kg, folglich nehmen 347 kg Luft den Raum von $\frac{347}{1{,}286} = 269$ cbm ein.

Ferner folgt hier noch eine Tabelle XI, die das Gewicht von 1 cbm Luft und Dampf bei verschiedenen Sättigungs- und Temperaturgraden angibt.

Beispiel 11. Bei 0° und 3/4 Sättigung wiegt die Luft in 1 cbm 1,286 kg und der Dampf in 1 cbm 0,00372 kg (Tabelle IV). Das Gesamtgewicht von 1 cbm Luft und Wasser ist also: 1,28972 kg.

Sodann folgt die Tabelle XII, die das Volumen in Kubikmeter von 1 kg Luft bei den Temperaturen — 20 bis 100°, bei dem Barometerstande 760 mm und bei verschiedenen Sättigungsgraden (ganz gesättigt, 3/4, 1/2, 1/4, ganz trocken) zeigt.

Ferner gibt es noch die Tabelle XIII. Wenn 1 cbm Luft bei einer bestimmten Temperatur mit einem gewissen Wassergewicht ganz gesättigt ist, so ist er mit der Hälfte dieses Gewichts halb (oder 50%) gesättigt, mit dem vierten Teil davon ein Viertel (oder 25%) gesättigt. Da ist es nun bisweilen recht erwünscht schnell zu erfahren, auf welche Temperatur die 3/4, 1/2, 1/4 gesättigten Kubikmeter Luft abgekühlt werden müssen, um bei dieser mit ihrem dermaligen Wassergewicht ganz gesättigt zu sein. Dies zeigt die Tabelle XIII.

Tafel VIII ist nach dieser Tabelle gezeichnet und ist wohl ohne Erklärung verständlich.

Beispiel 12. 1 cbm Luft von 45° ist mit 0,0164 kg Wasser 1/4 gesättigt (Spalte 11), bei 20° aber ganz gesättigt (Spalte 10). — Wenn 1 cbm Luft bei 45° mit 0,0656 kg Wasser 3/4 gesättigt ist, so ist er es bei 60° nur zur Hälfte (Spalte 1, 7, 8).

Endlich ist noch die Tabelle XIV angefügt, aus der man den Wärmegehalt von 1 kg Luft bei verschiedenen Sättigungsgraden zwischen — 20 und + 100° (von 0° an gerechnet) ablesen kann. Diese Tabelle ist in manchen Fällen für die Bestimmung des erforderlichen Wärmeaufwandes ganz bequem.

Ihre Spalte 2 zeigt den Wärmeinhalt von 1 kg ganz trockener Luft; z. B. bei 50° enthält 1 kg Luft (von 0° an) $= L \cdot 0{,}241 = 50 = 12{,}05$ WE.

Die Spalten 3, 4, 5, 6 beziffern die in 1 kg Luft bei ganzer, 3/4-, 1/2-, 1/4-Sättigung enthaltenen Gesamtwärme.

Die Zahlen dieser Tabelle haben zur Ausführung des Schaubildes Tafel IV gedient, aus dem sowohl der tatsächliche Wärmegehalt von 1 kg verschieden gesättigter Luft als auch die für eine Erwärmung oder Abkühlung um bestimmte

Grade erforderliche Wärmemenge abzugreifen ist, vielleicht etwas bequemer als aus der Tabelle XIV. Die Abszissen geben die Temperaturen, die Ordinaten die WE. an; z. B. 1 kg halbgesättigte Luft von 50° enthält 36,25 WE., $^3/_4$ gesättigte Luft von 80° 212,5 WE.

Um die erstere in die letztere zu verwandeln, sind also 212,5 — 36,25 = 176,25 WE. zuzuführen, umgekehrt sind, um die letztere in bei 50° ganzgesättigte zu verwandeln, 212,5 — 65,98 = 145,52 WE. zu entziehen. —

6. Berechnung des notwendigen Luftgewichtes und Volumens sowie des geringsten Wärmeaufwandes für Trockenapparate mit vorgewärmter und im Trockenapparat auf gleicher Temperatur erhaltener Luft. Tabellen XV, XVI, XVII.

Bis jetzt ist angenommen, daß die zum Trocknen zu verwendende Luft, ehe sie in den Trockenraum gelangt, auf die zulässige Temperatur erwärmt wird, daß sie dann im Trockenraum einen Teil ihrer Wärme abgibt, um die Feuchtigkeit des Trockengutes zu verdunsten, und daß sie infolgedessen den Trockenraum kälter verläßt, als sie ihn betritt.

Die Folge davon ist, daß die abgehende Luft nur so viel Wasser mit fortnehmen kann, als ihrer geringeren Temperatur entspricht. Wenn nun aber im Trockenraum der Luft noch gerade so viel Wärme zugeführt wird, als sie zur Verdunstung des Wassers an das Trockengut abgibt, derart, daß sie den Trockenraum mit derselben Temperatur verlassen kann, mit der sie ihn betrat, so ist sie natürlich imstande, auf 1 kg mehr Feuchtigkeit aufzunehmen als vorher.

Um einen Überblick über die in solchem Fall eintretenden Erfordernisse zu gewinnen, sind mit Hilfe der Tabellen I und IV die Tabellen XIV, XV, XVI, XVII hergestellt, in denen angegeben wird, wieviel Luft und Wärme nötig ist, um 100 kg Wasser aufzutrocknen, wenn die Außenluft zunächst vor ihrem Eintritt in den Trockenraum auf die gewünschte höhere Temperatur erwärmt und dann im Trockenraum durch fernere Zuführung von Wärme auf dieser Temperatur erhalten wird.

Ein Beispiel mag zur Erläuterung durchgerechnet werden.

Beispiel 13. Es sollen 100 kg Wasser durch Luft, die den Trockenraum mit 50° betritt und verläßt, getrocknet werden, wenn die Außenluft bei 0° ganz und die Abgangsluft bei 50° nur zu ¾ gesättigt ist:

1 kg Luft von 0° enthält gesättigt 0,00387 kg Wasser (Tabelle I),
1 „ „ „ 50° „ ¾ „ 0,0651 „ „ (Tabelle IV),

folglich kann 1 kg Luft unter diesen Umständen aufnehmen: 0,0651 − 0,00387 = 0,06123 kg Wasser.

Um 100 kg Wasser aufzunehmen, sind also erforderlich:

$$\frac{100}{0{,}06123} = 1634 \text{ kg Luft}.$$

Diese 1634 kg Luft enthalten bei 0° = 1634 · 0,00387 = 5,996 kg Wasser.

Das Volumen der 1634 kg trockener Luft bei 0° (gesättigt) ist:

$$V_L = \frac{1634}{1{,}2832} = 1272 \text{ cbm (Tabelle I)}.$$

Das Volumen der 1634 kg trockener Luft bei 50° (¾ gesättigt) ist:

$$V_L = \frac{1634}{0{,}994} = 1644 \text{ cbm (Tabelle IV)}.$$

Die erforderliche Wärmemenge setzt sich zusammen aus derjenigen für die Erwärmung C_L der Außenluft L mit ihrem Wassergehalt $L \cdot d_a$ von 0° auf 50°

$$(L\lambda + L d_a \cdot \delta) 50 = C_L$$

$$(1634 \cdot 0{,}2375 + 5{,}996 \cdot 0{,}475)\, 50 = 19\,550 \text{ WE}.$$

und ferner der Verdunstungswärme C_2 der Feuchtigkeit aus dem Trockengut:

$$w \cdot c = C_2,$$

$$100 \cdot 621{,}75 = 62\,175 \text{ WE.},$$

zusammen: $$19\,550 + 62\,175 = 81\,725 \text{ WE.}$$

Hierzu muß noch die für die Erwärmung der trockenen Teile des Trockengutes, der Gestelle nötige und die durch Ausstrahlung verlorengehende Wärme hinzugefügt werden.

Ein Vergleich der Tabellen V, VI, VII und XV, XVI, XVII zeigt, daß der Luft- und Wärmebedarf bei Kanaltrocknung (gegenüber der bloßen Vorwärmung der Luft vor ihrem Eintritt in den Trockenraum) erheblich sinkt, wenn die Luft auch im Kanal erwärmt wird, wobei auf zweckmäßige Verteilung der im Trockenraum anzuordnenden Heizfläche Bedacht zu nehmen ist.

7. Trockenanlagen, bei denen im Innern des Trockenraums künstlich eine höhere oder niedrigere Spannung erzeugt wird, als sie in der Umgebung herrscht. Tabellen XVIII, XIX, XX.

Die Frage, ob und welche Vorteile es haben kann, wenn der Druck im Trockenraum künstlich ermäßigt oder erhöht wird, soll nun sogleich erörtert werden.

Es ist nach dem Früheren klar, daß, wenn auch der Druck im Trockenraum über den der Atmosphäre steigt, dennoch 1 cbm Luft im Trockenraum bei gleicher Temperatur nicht mehr gesättigten Wasserdampf enthalten kann als bei normalem Druck. Die höhere Spannung im Innern wird nicht durch größere Dichtigkeit des Dampfes, sondern nur durch größere Dichtigkeit der Luft bewirkt. Ein gleiches Volumen Luft kann bei gleicher Temperatur bei jedem Druck nur ein gleiches Gewicht gesättigten Wasserdampfes enthalten; denn die Dichtigkeit des gesättigten Dampfes in der Luft hängt nur von der Temperatur und gar nicht vom Gesamtdruck ab.

Wird der Druck in einem Raum künstlich durch Zuführung von Luft auf ein beliebiges Maß, ohne die Temperatur zu ändern, erhöht, so mischen sich Luft und Dampf allmählich, aber der Raum behält doch bei der erzeugten Spannung das ursprüngliche Dampfgewicht neben der eingepreßten Luft.

Würde man den Dampf aus dem Raum entfernen, so würde die Gesamtspannung um den Betrag der Dampfspannung sinken. Wollte man aber Dampf hineinpressen, so könnte dies entweder nur bei Erhöhung der Temperatur geschehen, oder der eingepreßte Dampf würde sich verflüssigen. Bei Anwendung höheren Druckes im Trockenraum ist also zur Verdunstung des gleichen Gewichtes Wasser ein größeres Gewicht Luft nötig; da aber dieses größere Luftgewicht vorher erwärmt werden muß, so folgt, daß diese Anlage mehr Wärme verschlingt als diejenige bei normalem Druck.

In der Tabelle I sind schon für die Berechnung solcher Anlagen bei einem Überdruck von $^1/_2$ Atmosphäre (1140 mm) in den Spalten 13, 14, 15 die nötigen Angaben gemacht.

Spalte 13 gibt die Spannung in Millimetern Quecksilbersäule an, die Luft allein ohne den Wasserdampf bei den Temperaturen -20^0 bis $+100^0$ und bei dem Gesamtdruck von 1140 mm hat.

Spalte 14 zeigt das Gewicht von 1 cbm Luft dabei.

Spalte 15 nennt das Gewicht an gesättigtem Dampf, das 1 kg Luft dabei enthalten kann.

Zur Berechnung der für das Auftrocknen gewisser Wassermengen nötigen Luftgewichte und Austrittstemperaturen kann man sich der Formeln 8 und 10 bedienen, nur sind dann für d_a die Werte der Spalte 15 aus Tabelle I einzusetzen.

In der Tabelle XVIII sind mit Hilfe dieser Formeln für einige Fälle die nötigen Luftgewichte, Volumina und Ausgangstemperaturen berechnet, und zwar für eine Verdampfung von 100 kg Wasser, für die Außentemperaturen von -20^0, $\pm 0^0$, $+30^0$ und für die Luft-Erhitzungstemperaturen von 35^0, 50^0, 70^0, 100^0, 130^0.

Aus dieser Tabelle XVIII wird deutlich, wieviel mehr Luft und Wärme für eine bestimmte Trockenleistung gebraucht wird, wenn im Innern des Trockenraumes künstlich ein höherer Druck als der der Atmosphäre erzeugt wird, daß also diese Einrichtung technisch unvorteilhaft ist, abgesehen davon, daß auch die Herstellung des Drucks im Trockenraum gewöhnlich recht erhebliche Kosten verursachen wird.

Zu bemerken ist zu der Tabelle XVIII noch, daß bei Anwendung von Druck im Innern des Apparates eine Grenze für die Wirksamkeit der Apparate durch gewisse äußere Temperaturen gegeben ist. Wenn nämlich die atmospärische Luft warm und stark mit Wasserdampf gesättigt ist, so kann der Fall eintreten, daß die im Innern stark zusammengedrückte Luft nun allein die Spannung bewirkt und für den Dampf kein Platz bleibt.

1 kg Luft von bestimmtem Volumen führt in den Apparat ein gewisses Volumen Feuchtigkeit. Im Innern soll dieses Luftgewicht noch ein ferneres bestimmtes Volumen Wasserdampf aufnehmen; da aber dieses Kilogramm Luft im Innern des Apparates nunmehr einen kleineren Raum einnimmt als vorher, so kann der Fall eintreten, daß dieser kleiner als der ist, den die ursprüngliche Feuchtigkeit verlangt, wie sich dies in Tabelle XVIII bei 35^0 Höchsttemperatur zeigt. Mit Wasser gesättigte Außenluft von 30^0 kann, auf $1^1/_2$ Atmosphären absolut zusammengedrückt, nicht so viel Dampf aufnehmen, als sie durch Wärmeabgabe verdampfen kann. Bei 25^0 Außentemperatur ist für gesättigte Luft fast diese Grenze erreicht.

Anders liegt der Fall, wenn im Innern des Trockenraumes künstlich eine Luftverdünnung erzeugt wird; diese ist technisch vorteilhaft.

Ein Raum heißt luftverdünnt, wenn er ein geringeres Luftgewicht enthält als bei atmosphärischem Druck. Das Gewicht an gesättigtem Wasserdampf, das dieser Raum bei einer bestimmten Temperatur enthalten kann, ist unabhängig von der Anwesenheit oder Abwesenheit der Luft und stets für dieselbe Temperatur das gleiche. Ein luftverdünnter Raum wird also auf die Gewichtseinheit Luft bezogen mehr gesättigten Dampf enthalten können als ein lufterfüllter oder mit Luft überfüllter, d. h. unter erhöhtem Druck stehender Raum.

Hieraus folgt, daß im luftverdünnten Raum ein geringeres Luftgewicht genügt, um ein gleiches Wassergewicht aufzunehmen, als unter anderen Umständen, daß aber dieses geringere Luftgewicht zur Verdampfung des gleichen Wassergewichts dieselbe Wärme abgeben muß, also den Trockenraum kälter verläßt, daß aber der Gesamtwärmeverbrauch bei dieser Arbeit geringer sein wird als in einem mit mehr Luft erfüllten Raum.

Die Tabelle I enthält schon in Spalten 16 ÷ 21 die nötigen Unterlagen für die Berechnung der Fälle, in denen im Trockenraum ein Vakuum von 510 oder 260 mm herrscht, was gleich ist einem absoluten Druck von 250 mm oder 500 mm. Sie stützt sich auf die Formeln 8 ÷ 10; nur wird für d_a der Wert aus den Spalten 18 oder 21 entnommen.

Beispiel 14. Es sollen 100 kg Wasser mit der Höchsttemperatur der Luft von $t_h = 70^0$ bei einer Außentemperatur von $t_a = 0^0$ und bei einem absoluten Druck von $q = 500$ mm im Trockenraum verdampft werden. Es ist zu berechnen: die Austrittstemperatur t_n, das nötige Luftgewicht L, dessen Volumen vor Eintritt V_{La}, nach Erhitzung V_{Lh}, beim Austritt V_{Ln} und der Wärmeverbrauch C_s.

In die Gleichung 10 wird eingesetzt:

$t_h = 70 \quad d_a = 0{,}00387$ (Tab. I, Sp. 11) $\quad w = 100 \quad C_n = 62500,$

so wird die rechte Seite:

$$\frac{62500}{100\,(0{,}2375 + 0{,}00387 \cdot 0{,}475)} = 2616.$$

Die linke Seite der Gleichung 10 ergibt nach probeweisem Einsetzen verschiedener Werte aus Tabelle I, Spalte 18, für $d_n = 0{,}0230$ (bei $t_n = 20^0$):

$$\frac{70 - 20{,}1}{0{,}0230 - 0{,}00387} = 2612.$$

Die Austrittstemperatur ist also $t_n = 20^0$.

Das Luftgewicht folgt aus Gleichung 8:

$$L = \frac{w}{d_n - d_a} = \frac{100}{0{,}0230 - 0{,}00387} = 5235 \text{ kg}.$$

Das Gewicht der ursprünglichen Feuchtigkeit (Ld) in dieser Luft ist:

$$L \cdot d_a = 5235 \cdot 0{,}00387 = 20{,}2 \text{ kg}.$$

Das Volumen der Außenluft V_{La} ist:

$$V_{La} = \frac{5235}{1{,}2832} = 4075 \text{ cbm}.$$

Das Volumen der auf 70° erhitzten Luft ist:

$$V_{Lh} = \frac{273 + 70}{10326 \frac{500}{760}} (29{,}27 \cdot 5239 + 46{,}83 \cdot 20{,}2) = 7782 \text{ cbm}.$$

Das Volumen der Austrittsluft V_{Ln} ist:

$$V_{Ln} = \frac{5235}{0{,}765} = 6843 \text{ cbm}.$$

Endlich ist die zum Erhitzen der Luft nötige Wärme C_s:

$$C_s = (5235 \cdot 0{,}2375 + 20{,}2 \cdot 0{,}475)(70 - 0) = 87\,640 \text{ WE}.$$

In den Tabellen XVIII und XIX sind die für die Außentemperaturen — 20°, ± 0°, + 30° und die Erhitzungstemperaturen t_h = 35°, 50°, 70°, 100°, 130° die zum Trocknen von 100 kg Wasser nötigen Luftgewichte, Volumina, Abgangstemperaturen und WE. zusammengestellt. Im Vergleich mit den Zahlen der Tabelle III erscheint eine, zum Teil sogar auffällige Verminderung des Wärmebedürfnisses und der Luftgewichte.

Es wird auch auffallen, daß im Falle des verminderten Druckes im Innern des Trockenapparates bei wärmerer Außenluft die zur Verdampfung von 100 kg Wasser durch künstliche Erwärmung zu beschaffende Wärmemenge geringer als 62 500 WE. ist, d. h. geringer als die zum Verdampfen von 100 kg Wasser theoretisch nötige Wärme.

Schon ein absoluter Druck von 500 mm (260 mm Vakuum) bewirkt diese Erscheinung (Tabelle XIX) bei der Höchsttemperatur von 35° und der Außentemperatur von 30°; aber noch auffälliger ist sie bei dem inneren absoluten Druck von 250 mm (500 mm Vakuum, Tabelle XX), bei dem in allen Fällen hohe Außentemperaturen erhebliche Wärmeersparnis ergeben.

Der Grund dieser Wirkung ist leicht erkennbar.

Denn die atmosphärische Luft, die mit höherer Temperatur (30°) in den Apparat tritt und ihn mit viel geringerer Temperatur verläßt, gibt von ihrer natürlichen Wärme, die ihr nicht künstlich zugeführt zu werden brauchte, einen Teil ab, und dies ist ein Gewinn. In den Fällen daher, in denen die Umstände so günstig liegen, daß eine erhebliche Menge Luft nur sehr wenig zu erwärmen ist, um sie auf die zulässige Höchsttemperatur zu bringen, und in denen diese große Menge Luft den Apparat erheblich kälter verläßt als betritt, kommt die ganze Wärmemenge, die die Luft bei ihrer Abkühlung von der Außentemperatur auf die Austrittstemperaturen abgibt, der Verdunstung kostenlos zugute.

Vom theoretischen Standpunkt sind also die Trockenanlagen im luftverdünnten Raum durchaus vorteilhaft, allein der bei einigermaßen erheblichem Vakuum auf die Wände des Trockenraumes ausgeübte große atmosphärische Druck und die Durchlässigkeit der für die Anlage zu verwendenden Baustoffe bilden praktische Schwierigkeiten, die sich nicht ganz leicht überwinden ließen.

Die Herstellung und Erhaltung der Luftverdünnung im Trockenraum ist natürlich mit Kosten verknüpft, die sich nur im speziellen Falle feststellen lassen, die aber gewiß oft größer als der durch die Verdünnung erreichte Wärmegewinn sein werden.

Da die Tabellen XIX und XX für ganz gesättigt eintretende und ganz gesättigt austretende Luft berechnet sind, so sind für ungünstigere Fälle entsprechende Zuschläge zu machen, über deren Höhe ein Vergleich der Zahlen der Tabellen III, V, VI, VII einen Anhalt gewährt.

8. Berechnung von Lufttrocknungen mit Hilfe von Zeichnungen[1]). Tafeln VI und VII.

Es bereitet keine Schwierigkeit, Zeichnungen herzustellen, aus denen auf einfache Weise die hauptsächlichsten Angaben für Trocknungen mit Luft oder Rauchgas, nämlich der er-

---

1) Herr Prof. W. Schüle hat in der Z. d. V. d. J. 1919, S. 682 ein der nachfolgenden Beschreibung ähnliches Verfahren veröffentlicht.

forderliche Wärmeaufwand, sowie das Gewicht, der Raum und die Temperatur der Luft entnommen werden können, wie dies in den Tafeln VI und VII dargestellt wird. Tafel VI gilt für die Leistung von 1 kg Luft innerhalb der Temperaturen — 10° und + 130°, die als Abszissen aufgetragen sind. Die Ordinaten bedeuten Wärmeeinheiten.

Zunächst ist durch die Gerade OB der Wärmeinhalt von 1 kg trockner Luft bei — 10 ÷ 130° angegeben (t. 0,24) und dann sind die Linien OC, OD, OE, OF gezogen, die von OB an nach oben den Wärmeinhalt des in 1 kg Luft enthaltenen Dampfes bei ganzer, $^3/_4$, $^1/_2$, $^1/_4$ Sättigung nach Tabelle XIV darstellen. Die Länge einer Ordinate von der Abszisse OA aus bis zu einem Punkt dieser Linien gibt also den ganzen Wärmeinhalt von 1 kg Luft mit ihrem Dampfgehalt bei angegebener Sättigung. Sodann sind auch über OB die ganzen Wärmeinhalte von je 0,01, — 0,02, — 0,03, — 0,04, — 0,05, — 0,06 kg Dampf bei den Temperaturen — 10 ÷ + 130° aufgetragen und die Zwischenräume zwischen diesen Geraden in 10 gleiche Teile geteilt. Dabei wurde angenommen, daß 1 kg Dampf (der, wenn die Luft nicht ganz damit gesättigt ist, als überhitzt anzusehen) 610 + (t_a — 10) 0,475 Wärmeeinheiten enthält. (Da es zweifelhaft bleibt, aus welchem Sättigungszustande der Luftdampf überhitzt wird, so kann dafür auch eine etwas andere Annahme gemacht werden, allein es handelt sich hier um ganz geringe Wärmemengen und überdies wird durch den natürlichen Gang der Trocknung die Luft zuerst erwärmt und dann wieder gekühlt, so daß etwaige Ungenauigkeiten bei dieser Annahme sich fast ganz wieder ausgleichen.)

Durch die punktierte Gerade JK ist das Volumen von 1 kg trockner Luft nach Tabelle XII in Kubikmeter und durch die 4 darüber gezeichneten punktierten Linien das Volumen ihres Dampfgehaltes bei $^1/_1$, $^3/_4$, $^1/_2$, $^1/_4$ Sättigung und den Temperaturen der Abszisse angegeben, wofür der zehnfache Maßstab gewählt ist.

Die Benutzung dieser Zeichnung ist einfach.

Beispiel 15. Es sollen 100 kg Wasser aufgetrocknet werden. Die Luft sei 20° warm (a) und $^1/_2$ gesättigt (b), dann enthält 1 kg davon 9,32 WE. Sie werde erwärmt bis 100° (c), wobei ihr Wärmeinhalt auf

29 WE steigt. Davon mögen etwa 10% = 3 WE für Erwärmung des Trockengutes, Verluste usw. verloren gehen, so daß noch (29 — 3 = 26) WE für das Trocknen bleiben (d). Die Abluft sei $^3/_4$ gesättigt (e), dann ist ihre Temperatur = 36,25° (f). Ein kg Luft enthält bei 20° nur 0,0074 kg Wasser, bei 36,25° besitzt es 0,0275 kg (g), die Luft hat also aufgenommen: 0,0275 — 0,0074 = 0,021 kg Wasser. Demnach sind für die Aufnahme von 100 kg Wasser = 4760 kg Luft erforderlich. Das Luftvolumen ist bei:

	20°	36,25°	100°
für 1 kg =	0,84	0,91 (h)	1,06 (i) cbm
für 4760 kg =	4000	4332	5046 cbm

Der ganze Wärmeaufwand beträgt 4760 (29 — 9,32) = 93296 WE.
Davon Verlust 3 · 4760 = 13280 WE.
Daher ist der Aufwand für die reine Trockenleistung = 80016 WE.

Tafel VII gilt für die Leistung von 1 kg Rauchgas innerhalb der Temperaturen 100 ÷ 1000° C. Auch hier sind auf der Abszisse die Temperaturen, auf den Ordinaten die WE aufgetragen und OB wieder die Wärmeinhalte in 1 kg trockner Luft bei O ÷ 1000° C bei der spezifischen Wärme $\lambda = 0,25$. Wieder sind von O aus über OB die Wärmegehalte des Dampfes in 1 kg Luft bei $^1/_1$, $^3/_4$, $^1/_2$, $^1/_4$ Sättigung vermerkt, OC nach Tabelle XIV, die sich hier sehr zusammendrängen. Dann sind ähnlich wie bei Tafel VI auch hier über OB die Wärmeinhalte von 0,1 — 0,2 — 0,3 — 0,4 — 0,5 kg Dampf aufgezeichnet und die Zwischräume in 10 gleiche Teile geteilt. Die Gerade DE gibt den Wärmegehalt des im Rauchgas durch die Verbrennung entstandenen Dampfs, der = 0,033 kg für 1 kg Rauchgas und mit der spezifischen Wärme 0,475 angenommen wurde. Die 6 punktierten Linien unten bedeuten das Volumen von 1 kg Rauchgas mit 0,1 ÷ 0,5 kg Dampf in größerem Maßstabe.

Beispiel 16. 1 kg Rauchgas von 1000° mit 285,5 WE (a) sinke durch Verluste (Trockengut, Ausstrahlung usw.) auf 800°, wobei es nur noch 232 WE. behält (b). Kühlt es sich nun durch Wasseraufnahme bis zur vollständigen Sättigung ab (c), so ist es noch 72,5° C warm (d) und enthält 0,33 kg Dampf (e), hat also 0,33 — 0,033 = 0,297 kg davon aufgenommen. Um 100 kg Wasser aufzusaugen sind demnach $\frac{100}{0,297} = 336,7$ kg Rauchgas erforderlich. Der Wärmeverbrauch war 232 · 336,7 = 78114,4 WE oder mit dem Verlust 285,5 · 336,7 = 96128,0 WE.

Das Volumen von 1 kg des Gases mit seinem Wassergehalt ist bei 1000° — 800° — 72,5° C bzw. 3,8 — 2,27 — 1,5 cbm, daher im Ganzen für 100 kg Wasseraufnahme = 1289 — 764,3 — 505,3 cbm.

9. Wiedergewinnung der aus dem Trockenraum abgehenden Wärme. Tabellen XXI, XXII.

Den Trockenraum verläßt:

A. die meistens warme, mit Feuchtigkeit beladene Luft und

B. der mehr oder weniger trockene, warme Rückstand und die ihn tragenden Gestelle.

Es liegt der Wunsch nahe, die auf diese Weise verloren gehende Wärme, soweit wie möglich, wiederzugewinnen, und deshalb sollen hier die beiden Möglichkeiten dazu erörtert werden.

A. Wiedergewinnung der Wärme der feuchten Luft.

Die aus dem Trockenraum warm und mit Wasser beladen entweichende Luft enthält alle Wärme, die sie in den Trockenraum brachte, und ferner, wenn sich im Trockenraum selbst auch Heizkörper befinden, die ihr zur Wasserverdunstung in diesem zugeführte. Zur Wiedergewinnung dieser Wärme bedient man sich am besten metallischer Heizflächen, auf deren einer Seite die warme Abluft, auf deren anderer Seite die frische, zu erwärmende Luft vorbeigeführt wird. Die Größe der erforderlichen, wohl meistens aus ziemlich weiten Rohren bestehenden Heizflächen hängt von der absoluten Menge der auszutauschenden Wärme und von dem mittleren Temperaturunterschied zwischen den beiden Luftströmen ab. Ist dieser Unterschied klein, so können so große Heizflächen erforderlich werden, daß sie weder gut unterzubringen noch auch billig zu beschaffen sind. Die Wiedergewinnung der Wärme wird also immer nur dann wirtschaftlich sein können, wenn die Temperatur der Abluft nicht zu niedrig ist. Aber auch bei höher temperierter Abluft wird der Wiedergewinn der Wärme immer nur teilweise geschehen können, weil sie nie ganz bis auf die Temperatur der frischen Luft gekühlt, andererseits auch die frische Luft nie ganz bis auf die Temperatur der heißen Abluft erwärmt werden kann. Von der Größe des gewählten Temperaturunterschiedes hängt also die Größe, d. h. die Kostspieligkeit, der Wärmeaustauscheinrichtung ab.

Bei den Trockenapparaten dieser Art (Fig. 1) wird die frische Luft durch in einer Längsseite des Kanal-Trockenraumes angeordnete Schleudergebläse mehrmals aus dem Trockenraum abgesaugt, durch Kanäle über Heizkörper und dann in den Trockenraum zurückgeführt, in der Weise, daß sie gleichsam einen Spiralweg beschreibt, der sie von außen durch ein erstes Gebläse über eine Heizfläche in den Trockenraum, dann durch ein zweites Gebläse über einen zweiten Abschnitt der Heizfläche und wieder in den Trockenraum führt. So geht es mehrmals fort, bis die Luft schließlich über eine mit direktem Dampf erwärmte Heizfläche gelangt, an der sie die beabsichtigte Höchsttemperatur annimmt. Nachdem die Luft auf diesem Wege die Feuchtigkeit aus dem Trockengut ganz aufgenommen, wird sie nun mit dieser in den großen

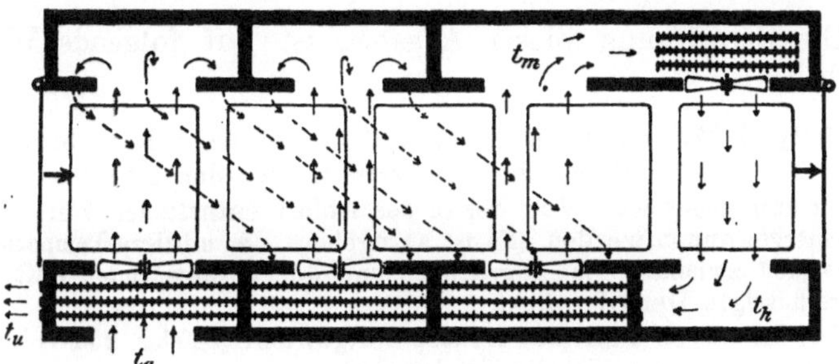

Fig. 1.

Heizkörper geblasen, in dem sie einen Teil ihrer Wärme an die frische Luft abgibt und dabei einen Teil ihres Wassergehaltes niederschlägt. In der Tabelle XXI und in der Fig. 1 wird verdeutlicht, wie die mit der Temperatur t_a eintretende kalte Luft sich durch wiederholtes Strömen über Teile des großen Heizkörpers vorwärmt und sättigt, wie sie dann durch den mit direktem Dampf erwärmten letzten Heizkörper auf die Höchsttemperatur t_h gebracht und endlich durch den langen Heizkörper geführt wird. In diesem gibt sie einen Teil ihrer Wärme an den außen streichenden Frischluftstrom ab und verläßt den Heizkörper mit der Temperatur t_u.

Die Tabelle XXI weist nun für die Berechnung und Beurteilung solcher Anlagen einige erwünschte Angaben auf.

Es sind darin 3 Fälle betrachtet, nämlich, wenn von der in der Abluft enthaltenen Wärme $^3/_4$, $^1/_2$ oder $^1/_4$ wiedergewonnen werden soll. Für jeden dieser Fälle ist angegeben: die Temperatur, bis zu der sich die heiße Abluft an der ihr entgegenströmenden kalten abkühlt, — die Temperatur, bis zu der sich die kalte, frisch eingeführte Luft durch sie erwärmt, — der mittlere, sich zwischen den Luftströmen einstellende Temperaturunterschied (aus dem sich dann die erforderliche Heizfläche ergeben würde), und endlich das von der heißen Abluft durch Verflüssigung abgeschiedene Wassergewicht. Die Spalte 6 gibt die für das Auftrocknen von 100 kg Wasser aufzuwendende Wärme an. Sollen dann wiedergewonnen werden:

$^3/_4$, so gelten die Spalten 8—11
$^1/_2$, „ „ „ „ 12—15
$^1/_4$, „ „ „ „ 16—19.

Die Berechnung dieser Angaben ist auf folgende Weise geschehen:

Beispiel 17. Durch Außenluft von $t_a = 0^0$ bei völliger Sättigung, die auf $t_h = 70^0$ bei $^3/_4$ Sättigung erwärmt worden ist, sind 100 kg Wasser aufgetrocknet. Von der in der Abluft enthaltenen Wärme soll $^3/_4$ wiedergewonnen werden. Es ist anzugeben: der mittlere Temperaturunterschied zwischen der abgehenden und der vorgewärmten Luft und das verflüssigte Dampfgewicht.

Das für diesen Fall erforderliche Luftgewicht (540 kg) und Volumen (420 cbm) ist aus der Tabelle XV bekannt.

Aus der Tabelle XIV und dem Diagramm Tafel V ist zu erkennen, wieviel Wärme 1 kg Abluft samt dem in ihr enthaltenen Wasserdampf aufgenommen hat, wenn es von einer bestimmten Außentemperatur und Sättigung (hier 0^0 und vollkommene Sättigung) auf eine andere Temperatur und Sättigung (hier 70^0 und $^3/_4$) gebracht ist, nämlich:

die Luft enthielt bei $0^0 = 0 + 2{,}34$ WE.,
„ „ „ „ $70^0 = 16{,}62 + 118{,}05$ WE.,

sie gewann also im Trockenraum:

$$135{,}27 - 2{,}34 = 132{,}93 \text{ WE.}$$

Wenn davon $^3/_4$ wiedergewonnen werden sollen, so muß 1 kg Abluft $\frac{132{,}93 \cdot 3}{4} = 99{,}69$ WE. an die kalte Luft abgeben. Jedem Kilogramm Luft bleiben also $\frac{132{,}93}{4} = 33{,}4$ WE. und ferner die Wärme, die sie in den Trockenraum brachte, $= 2{,}34$ WE., zusammen also $33{,}23 + 2{,}34 = 35{,}57$ WE.

Die stark abgekühlte Abluft wird sich auf wenigstens 90% sättigen[1]), ehe sie Wasser abgibt. Und nun findet sich aus der Tabelle XIV durch Interpolation (aus dem Schaubilde Tafel V durch Abgreifen), daß 1 kg 90% gesättigte Luft, wenn es 35,57 WE. enthalten soll, $t_u =$ 33,9° warm sein muß. Dies ist also die **Endtemperatur** der gekühlten Abluft.

Betrachten wir nun die kalte Luft. Ihr Gewicht (ganz trocken gerechnet) ist natürlich gleich dem der Abluft. Sie brachte mit jedem Kilogramm 2,34 WE. in den Trockenraum, und wenn sie die von der heißen Abluft an sie abgegebenen 99,69 WE. aufgenommen hat, enthält 1 kg 102,03 WE. Aus der Tabelle XIV (oder dem Schaubild IV) erhellt, daß 1 kg Luft, das bei 3/4 Sättigung 102,03 WE. enthält, 64,5° warm sein muß.

Die kalte Luft hat also am Anfang 0°, am Ende 64,5°, die warme Luft hat am Ende 39,9°, am Anfang 70° C, und da $\frac{70 - 64,5}{39,9 - 0} = 0,138$ ist, so ergibt sich der **mittlere Temperaturunterschied** $\vartheta_m = 17,3°$ [2]).

Nun ist das Gewicht des verflüssigten Dampfes aus der Abluft zu bestimmen.

Die 540 kg kalte Luft (0° und voll gesättigt) brachten in den Raum 2 kg Wasser (Tabelle I Spalte 11), die 540 kg heiße Luft (70° und 3/4) müssen neben diesen nun noch die aus dem Trockengut aufgesaugten 100 kg Wasser, also zusammen 102 kg Wasser enthalten. —

540 kg Luft (39,9° und 90%) gesättigt enthalten aber nach der Tabelle I $540 \cdot 0,0487 \cdot \frac{90}{100} = 23,66$ kg Wasser, also sind aus der Abluft zu **verflüssigen:**

$$102 - 23,06 = 87,3 \text{ kg Wasser.}$$

Die Größe der erforderlichen Heizfläche wird bestimmt durch die Gleichung: $H = \frac{WE.}{k \cdot \vartheta_m}$ in der ϑ_m den mittleren Temperaturunterschied und k einen Festwert bedeuten, der etwa = 4,5 angenommen werden darf. Für unser Beispiel würde dies etwa für $\frac{540 \cdot 99,69 \cdot 3}{4} = 40500$ WE.

$$H = \frac{40500}{17,3 \cdot 4,5} = 530 \text{ qm}$$

bedeuten.

---

[1]) wenn nicht auf einen höheren Grad.

[2]) Über die Wärmeübertragung siehe Verdampfen, Kondensieren und Kühlen. 6te Aufl.

Ein Blick auf die Spalten 10, 14, 18 der Tabelle XXI zeigt, daß die zur Wirkung kommenden Temperaturunterschiede im allgemeinen nicht hoch sind, daß sie für niedrige Höchsttemperaturen und bei Erwartung hoher Wärmerückgewinnung im allgemeinen sogar so klein sind, daß sie unverhältnismäßig große Heizflächen erfordern. Nur wenn die Höchsttemperatur wirklich hoch ist, und keine zu bedeutende Wiedergewinnung der Wärme beansprucht wird, erlaubt die Größe des Temperaturunterschiedes mit mäßigen Heizflächen auszukommen.

B. Wiedergewinnung der mit dem Trockenrückstand und den Gestellen aus dem Trockenraum abgehenden Wärme.

Es sind hier zwei Arten der Wiedergewinnung der Wärme möglich, nämlich entweder die, daß über das ganz getrocknete Gut, die Gestelle, Wagen usw., die zusammen heiß den Trockenraum verlassen, die kalte Außenluft geführt und an ihnen vorgewärmt wird. Die so vorgewärmte Luft kann dann wie auch sonst durch fernere Heizkörper auf die höchste Temperatur erwärmt und zum Trocknen des Gutes verwendet werden.

Oder die zweite Art, nach der das Gut im eigentlichen Trockenraum nicht ganz getrocknet wird, dann die frische Luft, über den warmen, feuchten Rückstand und die warmen Gestelle geführt, an ihnen vorgewärmt und gleich dazu verwendet wird, dem Gut den letzten Rest der Feuchtigkeit zu entziehen.

Aus früher angegebenen Gründen wird es in keinem der beiden Fälle gelingen, die ganze in den Körpern enthaltene Wärmemenge wiederzugewinnen, es wird vielmehr schon sehr günstig sein, wenn $^3/_4$ der abgehenden Wärme von der Frischluft aufgenommen werden.

Wie schon im Abschnitt 3 dargetan, läßt sich der Wärmeaufwand für die Erhitzung der Gestelle und des Rückstandes nicht allgemein für alle Fälle vorher festsetzen, aber er läßt sich doch wohl in jedem einzelnen Fall annähernd durch die im Abschnitt 3 angegebenen Hilfsmittel bestimmen. Am bequemsten wird dieser Wärmeaufwand als ein Verhältnis zu der für die Auftrocknung von 100 kg Wasser erforderlichen Wärme ausgedrückt.

Wir betrachten nun die beiden obengenannten Fälle:

1. Das Trockengut verläßt den Raum ganz trocken und soll nur die frische Luft vorwärmen.

Die höchste und niedrigste Temperatur des Rückstandes (R) und der Gestelle (G) sei t_h und t_z und ihr Wärmegehalt $C_r + C_g$, so ist $C_r + C_g = (t_h - t_z)(R\sigma_r + G\sigma_g)$, worin σ_r und σ_g die spez. Wärme. Es wird immer nur möglich sein, den Teil $\beta (C_r + C_g)$ der Wärme wiederzugewinnen und dadurch der Frischluft die Temperatur t_m zu geben.

Ist das für die Trocknung erforderliche Luftgewicht L, so liefert die Gleichung:

$$L (t_m - t_a) \lambda = \beta (C_r + C_g) \quad . \quad . \quad . \quad . \quad . \quad (18)$$

den Wert von t_m.

Berücksichtigt muß auch werden, daß die Größe der vorhandenen Trockengut- und Gestell-Oberfläche von Bedeutung für die Erreichung einer möglichst hohen Temperatur t_m ist, es wird daher gut sein, die Zahl β der Vorsicht wegen niedrig, d. h. jedenfalls höchstens 0,75, anzunehmen.

Die nachfolgenden Beispiele geben ein ungefähres Bild der unter verschiedenen Umständen eintretenden Verhältnisse. Sie sind wohl ohne wei res klar, nur mag erwähnt werden, daß wenn bei der Bestin. ung des für das Trocknen erforderlichen Luftgewichts d Wärmeaufwand für Gestelle und Gut berücksichtigt werden soll, die Gleichung 10 angewendet werden muß:

$$\frac{t_h - t_n}{d_n - d} = \frac{C_n + C_r + C_g + C_a}{w(0{,}2410 + d_a 0{,}475)} \quad . \quad . \quad . \quad . \quad . \quad (19)$$

Da nun in Wirklichkeit nicht immer auf eine Nutzwirkung von 75 % zu rechnen sein wird, so ist der Wärmegewinn, wie die Beispiele zeigen, nur bei hohen Höchsttemperaturen der Luft, und wenn das Trockengut sehr wenig Feuchtigkeit enthält, einigermaßen erheblich.

Beispiele 18 über den Grad, bis zu dem die Außenluft von 0° C an vorgewärmt werden kann, und den prozentigen Wärmegewinn dabei, wenn das Trockengut 25—15—5 % Feuchtigkeit enthält, die höchste Lufttemperatur 30—60—90° beträgt, und wenn die Gestelle (spez. Wärme = 0,12) usw. 4 mal so viel, wie das Trockengut wiegen.

Beispiele 18.

Wassergehalt des Trockengutes w = Gewicht des Rückstandes R = (für 100 kg aufgetrocknetes Wasser)	25% 300			15% 567			5% 1900			kg
Höchste Lufttemperatur t_h	30	60	90	30	60	90	30	60	90	°C
Zum Erwärmen des Rückstandes von 15° auf t_h bei spez. Wärme $\sigma_r = 0{,}5$	2250	6750	11250	4252	12960	21600	14250	42750	71250	WE.
Gewicht der Gestelle usw. $= 4 \cdot R = G$	1200	1200	1200	2268	2268	2268	7600	7600	7600	kg
Zum Erwärmen der Gestelle G von 15° auf t_h bei spez. Wärme $\sigma_g = 0{,}12$	2160	6480	10800	4080	11420	20400	13680	41040	68400	WE.
Wärme zusammen (Zeilen 4 u. 6)	4410	13230	22050	8332	24380	42000	27930	83790	139650	WE.
Davon $^3/_4$	3307	9922	16540	6249	18285	31500	20948	62842	104730	WE.
Temperatur der abgehenden Luft t_n	16	25	30	15	24	26	14,5	19	20	°C
Luftgewicht zum Trocknen von 100 kg w ($^3/_4$ gesättigt). $t_a = 0°$. Gleichung 18.	20900	9170	6020	23900	9800	7690	25000	15200	14000	kg
Durch die WE Zeile 8 wird die Luft vorgewärmt auf °C von 0° C.	0,66	4,4	11,5	1,9	7,8	16,7	3,53	17,4	31,5	°C
Wärmegewinn durch die Vorwärmung	5	13	30	9	21	30	23	43	52	%

2. Man kann bei einer Kanal-Trockenanlage die Luft etwa in der Mitte des Kanals seitlich absaugen, so daß sie an beiden Enden eintritt und nach der Mittel, der Abzugsstelle, strömt. Auf der Strecke des Kanals, an deren Ende der Eintritt des Trockengutes stattfindet, liegt auch die Luftheizung, sei es, daß die Luft vor ihrem Eintritt, der mit dem Trockengut zusammen geschieht, auf ihre Höchsttemperatur erwärmt wird, sei es, daß ihre Erhitzung erst im Kanal selbst erfolgt. Auf dieser ersten Kanalstrecke wird das Gut durch die Luft mehr oder weniger getrocknet und tritt dann mit seinen Gestellen an der Luftabsaugestelle vorbei noch heiß in die zweite Kanalstrecke, die es an deren Ende ganz trocken verlassen soll. An der Austrittsstelle des Gutes tritt frische, kalte Luft ein, die sich am Gut und an den Gestellen erwärmt, den Rest der Feuchtigkeit des Gutes aufnimmt und dann in der Mitte, mit der Luft aus der ersten Kanalstrecke zusammen, abgesaugt wird.

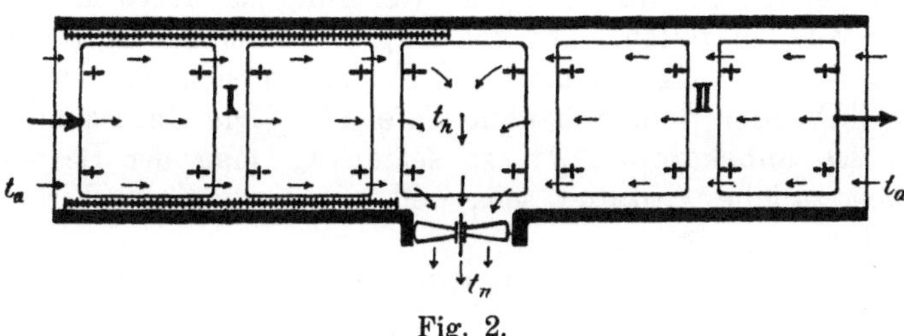

Fig. 2.

Es fragt sich, wieviel Luft soll durch die zweite Kanalstrecke angesaugt werden, wie warm wird diese, und wieviel Wasser kann sie aufnehmen.

Der Wärmegehalt des Rückstandes, seiner Feuchtigkeit und der Gestelle, da wo alles an der Luftabsaugstelle vorbeigeht, ist:

$$R\sigma_r t_h + G\sigma_g t_h + w_2 t_h \quad \ldots \ldots \quad (20)$$

Die durch die zweite Kanalstrecke einströmende Luft und das von ihr aufgesaugte Wasser haben bei der Erwärmung von t_a aud t_m aufgenommen die Wärme:

$$L_2(\lambda + d_a \delta)(t_m - t_a) + L_2(d_m - d_a)c, \quad \ldots \quad (21)$$

worin c der Wärmegehalt in 1 kg Dampf ist.

Da die Luft aber nicht die ganze Wärme von R, G und w_2, sondern nur einen Teil (β) davon aufnimmt, so bildet sich die Gleichung:

$$L_2(\lambda + d_a \delta)(t_m - t_a) + L_2(d_m - d_a)c$$
$$= \beta(R\sigma_r t_h + G\sigma_g t_h + w_2 t_h) \quad \ldots \ldots (22)$$

oder, da $w_2 = L_2(d_m - d_a)$ ist,

$$L_2[(\lambda + d_a \delta)(t_m - t_a) + (d_m - d_a)(c - \beta \cdot t_h)]$$
$$= \beta t_h(R\sigma_r + G\sigma_g) \quad \ldots \ldots (23)$$

Wenn man nun auf der linken Seite statt $\beta \cdot t_h$ setzt t_a, was ja nicht ganz richtig aber nur wenig fehlerhaft ist, so bedeutet der Faktor:

$$(\lambda + d_a \delta)(t_m - t_a) + (d_m - d_a)(c - t_a) \quad \ldots (24)$$

die WE., welche 1 kg Luft bei der Erwärmung von t_a auf t_m aufnimmt und nun ist, um das Luftgewicht L_2 zu finden, nur nötig, die rechte Seite der Gleichung 23 durch die Zahl dieser WE. zu teilen. Die von 1 kg Luft bei der Erwärmung von t_a auf t_m aufgenommenen WE. finden sich aus der Tabelle XIV oder dem Schaubild Tafel IV. Die Ungenauigkeit, statt des unbekannten βt_h zu setzen t_a, mag der Bequemlichkeit zuliebe gestattet sein, weil sie nur geringe Wirkung ausübt.

$$L_2 = \frac{\beta t_h(R\sigma_r + G\sigma_g)}{WE.} \quad \ldots \ldots (25)$$

Ist aber das Luftgewicht L_2 bekannt, so findet sich das von ihr aufgenommene Wassergewicht leicht aus der Gleichung:

$$w_2 = L_2(d_m - d_a) \quad \ldots \ldots \ldots (26)$$

oder

$$w_2 = \frac{\beta t_h(R\sigma_r + G\sigma_g)(d_m - d_a)}{WE.} \quad \ldots \ldots (27)$$

worin WE. die Wärmeeinheiten bedeuten, die 1 kg Luft bei der Temperatur t_m mehr enthält als bei t_a.

Um einen Begriff von den Luftgewichten, die unter solchen Umständen in der zweiten Kanalstrecke erforderlich sind, und von dem Wassergewicht, das sie aufnehmen können, zu bekommen, ist die Tabelle XXII berechnet. In dieser sind die Luftgewichte zusammengestellt für Fälle, in denen der Wärmegehalt des Rückstandes und der Gestelle ($R\sigma_r + G\sigma_g + w_2)t_h$ sehr verschieden ist, nämlich 0,1 bis 1,5 mal so groß wie die für Verdunstung des Wassers erforderliche Wärme, wobei c = 600 als für die Verdunstung von 1 kg Wasser erforderlich gesetzt ist. Dabei sind als Grenzen der Lufteintrittstemperatur — 20, ± 0, + 30 berücksichtigt und angenommen, daß nur $^3/_4$ der Rückstandswärme ausgenutzt, daß die kalte Luft ganz, die warme auf $^3/_4$ gesättigt ist, und daß die Temperatur t_m erheblich unter t_h bleiben wird.

Beispiel 19. Der Rückstand und die Gestelle haben die Temperatur $t_h = 60^0$. Ihr Wärmegehalt sei halb so groß wie der zur Verdunstung von 100 kg Wasser (c = 600) erforderliche, d. h. 60000 · 0,5 = 30000 WE. Davon sollen durch die eintretende Luft $^3/_4$ = 22500 WE. wiedergewonnen werden.

Die kalte gesättigte Luft habe $t_a = 0^0$ und werde durch Rückstand und Gestelle bis auf $t_m = 45^0$ erwärmt, dann braucht 1 kg Luft zur Erwärmung von 0 auf 45^0 nach Tabelle XIV und Diagramm III = 38 WE. Folglich können hier

$$L_2 = \frac{22500}{38} \cong 600 \text{ kg Luft}$$

vorgewärmt werden, die, da 1 kg 0,0476 — 0,00387 = 0,04373 kg Wasser aufsaugen kann (Tabelle IV, Spalte 6 und Tabelle I, Spalte 11), 600 · 0,04373 = 26,22 kg Wasser aus dem Rückstand nehmen.

Man erkennt aus dieser Tabelle XXII deutlich, daß das zur Aufnahme der Rückstandswärme erforderliche Luft- und aufgesaugte Wassergewicht natürlich fast proportional mit der im Rückstand enthaltenen Wärmemenge wächst, daß dies Luftgewicht auch um so größer ist, je höher seine Außentemperatur war, daß die von den verschiedenen Luftgewichten aufgesaugten Wassermengen aber nicht wesentlich von der Luftanfangstemperatur abhängen, sondern wesentlich mit der Rückstandswärmemenge wachsen. Endlich verdeutlicht die Tabelle XXII, was ja auch a priori einleuchtet, daß, wenn der Wärmegehalt des Rückstandes und der Gestelle größer als der Wärmeverbrauch für die Wasserverdunstung im entsprechenden Trockengutgewicht ist, die zweite Kanalstrecke wohl den ganzen Wassergehalt des Gutes aufnehmen kann. Siehe z. B. bei der Höchsttemperatur 90^0 und einer Rückstandswärme von 67500 WE. Nach dem Vorhergehenden kann der Teil w_2 des ganzen Wassergewichts w, der in der zweiten Kanalstrecke aufgenommen wird, berechnet werden. Das in der ersten (eigentlichen) Strecke aufzutrocknende Wassergewicht w_1 ist daher:

$$w_1 = w - w_2 \quad . \quad . \quad . \quad . \quad . \quad . \quad . \quad . \quad (28)$$

Nun wäre noch das in der ersten Kanalstrecke aufzuwendende Luftgewicht L_1 zu bestimmen. Man wird bei solchen Anlagen die Luft wohl nicht vor ihrem Eintritt in die erste Kanalstrecke auf ihre höchste Temperatur erwärmen und dann im Kanal durch Wärmeabgabe an Gut und Gestelle und durch Aufsaugung des Wassers sich abkühlen lassen, wie es im Abschnitt I dargetan wurde, denn dies wäre unvorteilhaft, weil man ja Wert darauf legen wird, Gut und Gestelle so warm wie möglich in die zweite Kanalstrecke einzuführen. Man wird vielmehr in diesem Fall die vorgewärmt in die erste Kanalstrecke eingeführte Luft auch in dem Kanal weiter erwärmen, d. h. auf ihrer hohen Temperatur erhalten, wie es im Abschnitt 6 erörtert wurde. Da man hierbei also dieselbe Luft vielmals erwärmt und ihre Wärme an Gut und Gestelle abgeben lassen kann, so braucht man nur soviel davon, als nötig ist, um das Wassergewicht w_1 bei ihrer Temperatur t_h aufzunehmen, d. h. es ist:

$$L_1 = \frac{w_1}{d_h - d_a} \quad . \quad . \quad . \quad . \quad . \quad . \quad . \quad . \quad (29)$$

Der Wärmeaufwand in der ersten Kanalstrecke ist:

$$C_1 = (R\sigma_r + G\sigma_g + w)(t_h - t_a) + w_1 (c - t_h) \quad . \quad . \quad (30)$$

Die in der Mitte des ganzen Kanals aufgesaugte Luft $L_1 + L_2$ hat teils die Temperatur t_h (aus der ersten Kanalstrecke), teils die Temperatur t_m (aus der zweiten Kanalstrecke), zusammen also die Temperatur

$$t_n = \frac{L_1 t_h + L_2 t_m}{L_1 + L_2}, \quad . \quad . \quad . \quad . \quad . \quad . \quad . \quad (31)$$

und wenn diese Temperatur t_n einigermaßen hoch ist, so kann man sie in Heizkörper führen und zum Vorwärmen der Luft L_1, wie dies unter A dieses Abschnittes auseinandergesetzt ist, benutzen.

10. Das Trocknen mit überhitztem Dampf ohne Luft. Tabelle XXIII.

Nun kann man noch einen Schritt weiter gehen und die Luft aus dem Trockenraum ganz entfernen, so daß die Trocknung dann mit Dampf allein stattfindet.

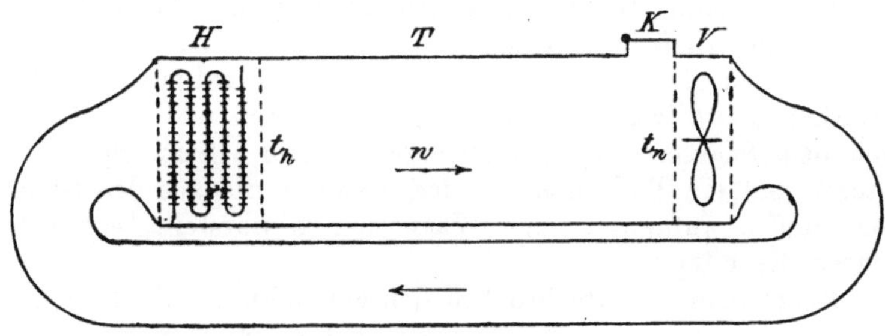

Fig. 3.

Wir denken uns, wie es in Figur 3 schematisch dargestellt ist, die Abluft aus dem Trockenraum (T) von einem Schleudergebläse (V) oder einer anderen Förderungsvorrichtung für dampfförmige Stoffe abgesaugt und über heiße Flächen (H) wieder bei der Eintrittsstelle in den Trockenraum (T) zurückgedrückt, so daß zunächst die Mischung von Luft und Dampf einen Kreislauf vollbringt, der vom Gebläse über die Erhitzungsvorrichtung in den Trockenraum, aus diesem wieder in das Gebläse usw. führt. Die ganze Anlage sei möglichst dicht und fest geschlossen und gegen Wärmeverluste, so gut es geht, geschützt.

Zwischen dem Ausgang aus dem Trockenraum und dem Eintritt in das Gebläse sei eine Klappe (K) nach außen angeordnet, die der Luft und den Dämpfen den Austritt ins Freie gestattet, sobald im Innern ein gewisser, vorher bestimmter Druck überschritten wird.

Setzt man das Gebläse bei geschlossenem Apparat in Bewegung, so wird der luft- und dampfförmige Inhalt den oben skizzierten Kreislauf vollführen und dadurch wärmer und wärmer werden; er nimmt dementsprechend mehr und mehr Feuchtigkeit auf, und so wächst die innere Spannung mehr und mehr, bis sie imstande ist, die Klappe (K) nach außen zu öffnen und Luft und Dämpfe entweichen zu lassen.

Findet der Kreislauf von Luft und Dampf ununterbrochen statt, so bläst durch die Klappe ununterbrochen Luft und Dampf aus, bis zuletzt keine Luft mehr im Apparat enthalten ist. Nur noch Dampf kreist in ihm, und dieser tritt gleichmäßig durch die Klappe K ins Freie.

So ist dann die Trockeneinrichtung ganz ohne Luft und mit Dampf allein im Gange.

Der Dampf, von dem Gebläse gedrückt, wird an den heißen Flächen überhitzt, tritt in den Trockenraum und sättigt sich mit dem Wasser aus den feuchten Stoffen. Seine Spannung steigt, und ein Teil, nämlich der, welcher die aus den feuchten Stoffen aufgenommene Wassermenge darstellt, entweicht durch die Klappe.

Führt man ununterbrochen den getrockneten Stoff ab und dafür zu trocknenden ein, so arbeitet die Einrichtung ununterbrochen und enthält nur so viel Luft, als bei dem Eintritt frischer Ware unvermeidlich mit hineinkommt.

Der Wärmeverbrauch bei dieser Bauart würde, abgesehen von den Verlusten durch Undichtigkeit und Ausstrahlung, theoretisch genau gleich dem zum Erwärmen der Ware auf die herrschende Temperatur + dem zum Verdampfen des Wassers erforderlichen sein, also der kleinstmögliche. Diese Bauart ist also wirtschaftlich die beste (abgesehen von den auf S. 47 besprochenen seltenen Fällen).

Am einfachsten und natürlichsten wäre es, die Klappe nur so wenig zu belasten, daß der im Innern herrschende Druck nur um ein geringes höher als der der Atmosphäre ist, so daß die Temperatur bei Wasserverdunstung nur sehr wenig über 100° beträgt. Es könnte aber aus irgendwelchen Gründen erwünscht sein, diesen Druck anders zu wählen, nämlich höher oder niedriger, als der Atmosphärendruck ist.

Ein höherer Druck entsteht ohne weiteres durch größere Belastung der Klappe, so daß sie einem Sicherheitsventil gleicht, das sich bei der vorher bestimmten Spannung öffnet.

Für die bauliche Ausführung ist der Druck auf die inneren Wände des Apparates zu berücksichtigen, sowie die höhere Temperatur, der das Trockengut ausgesetzt ist.

Soll die Temperatur bei dieser luftfreien Arbeit niedriger

als 100° bleiben, so erschwert dies die Anlage erheblich; denn dann muß auch die Spannung im Trockenraum, entsprechend der Temperatur, niedriger sein. Die geringere Spannung aber erfordert besondere Einrichtungen.

Zunächst gehen dann Luft und Dämpfe nicht mehr freiwillig aus dem Trockenraum in die Atmosphäre; sie müssen vielmehr durch irgendeine Vorrichtung (Luftpumpe) abgesaugt werden, und zwar ununterbrochen, da sich erfahrungsmäßig in Räumen mit niedriger Spannung stets etwas Luft findet, die durch Undichtigkeit, durch den Luftgehalt der Stoffe usw. eintritt.

Da verdunstetes Wasser einen sehr großen Raum einnimmt, die Maschinen zur Absaugung daher übermäßig groß würden, so wäre es beim Betriebe der Trocknung unter vermindertem Druck notwendig, die Dämpfe zunächst zu verflüssigen, sei es durch direkte Einspritzung von Wasser, sei es durch Oberflächenkühlung, und die davon befreite Luft dann abzusaugen, was die Arbeit der Trocknung natürlich verteuert.

Sind aber alle diese Vorrichtungen geschaffen, so kann die Feuchtigkeit im Trockenraum bei jedem niedrigen Druck durch überhitzte Dämpfe aufgesaugt werden.

Etwas schwieriger ist es, die dünnen Dämpfe mit dem Gebläse in ihrem Kreislauf zu bewegen, da sie große Volumina darstellen; aber sie sind oft gut überwunden worden, und diese vom Verfasser zuerst vorgeschlagene Arbeitsweise hat sich gut bewährt.

Es ist bekannt, daß die Anwesenheit von Luft im Dampf ein großes Hindernis für Wärmeübergang ist, sei es zur Erwärmung, sei es zur Abkühlung oder Verflüssigung. Das Bestreben der Techniker geht stets darauf, den Dampf, mit dem gekocht, geheizt werden soll, oder den man verflüssigen will, so luftfrei wie möglich zu halten, weil nur in diesem Falle 1 qm Berührungsfläche den größten Wärmedurchgang gestattet. Dies ist ein fernerer Grund, aus dem die Trockenvorrichtungen, in denen die Luft auf das möglichste ausgetrieben ist, vorteilhaft sind, weil dann die Heizfläche zur Erwärmung des Dampfes und die Kühlfläche zu seiner Verflüssigung am kleinsten gewählt werden können.

Um eine Vorstellung von dem im Beharrungszustande für $w = 100$ kg Verdampfung bei verschiedenem Druck im

Trockenraum nötigen Dampfgewicht und Volumen zu haben, sollen einige wesentliche Fälle sogleich berechnet werden. Wie schon angegeben, ist der Wärmeaufwand, abgesehen von Verlusten, stets gleich dem zur Verdampfung theoretisch nötigen, d. h. (wenn die zu trocknenden Stoffe mit 15⁰ in den Apparat treten):

$$C_s = (640 - 15)\,w = 62\,500 \text{ WE.} \quad . \; . \; . \; . \; (32)$$

Das zum Auftrocknen von w kg Wasser nötige Gewicht an überhitztem Dampf D ergibt sich aus der Überlegung, daß die zum Verdampfen von w kg Wasser erforderliche Wärme gleich sein muß der Wärme, die der Dampf abgeben kann, wenn er von seiner Überhitzungstemperatur auf die im Apparat herrschende übergeht, und hieraus folgt die Gleichung 33:

$$C_s = w\,(640 - 15) = D\,\delta\,(t_h - t_n) \quad . \; . \; . \; . \; (33)$$

in der

D = das Gewicht des überhitzten Dampfes in kg,
δ = die spezifische Wärme des Dampfes bei gleichbleibendem Druck = 0,475,
t_h = die Höchsttemperatur,
t_n = die im Trockenraum herrschende Temperatur

bedeutet.

Beispiel 20. Es sind w = 100 kg Wasser zu verdampfen — die Höchsttemperatur sei $t_h = 110^0$, die Verdampfungstemperatur im Apparat $t_n = 100^0$, so ist nach Gleichung 33:

$$D \cdot 0{,}475\,(110 - 100) = 100\,(640 - 15) = 62\,500 \text{ WE.}$$

folglich:

$$D = 13\,157 \text{ kg}.$$

Dies Dampfgewicht D muß über die zu trocknenden Stoffe geführt werden, um die verlangte Verdampfung zu bewirken.

Die Volumina V_{dn} und V_{dh} dieses Dampfes vor und nach der Erhitzung ergeben sich mit Hilfe der allgemeinen Gleichung 13:

$$\frac{V}{273 + t} = R \qquad V = \frac{R \cdot (273 + t)}{p},$$

worin t = die Temperaturen, R = den Festwert = 46,83 (nach G. Schmidt) für überhitzten Wasserdampf, V = das Volumen von 1 kg Dampf, p = den Druck des Dampfes in kg/qm bedeutet:

p ist für atmosphärischen Druck = 10336, für jeden anderen Druck q in mm Quecksilbersäule nach Gleichung 4:

$$p_1 = \frac{10336 \cdot q}{760}.$$

Das Volumen des überhitzten Dampfes ist:

$$V_{dh} = \frac{D \cdot 46{,}83\,(273 + t_h)}{\frac{10336 \cdot q}{760}} \qquad (34)$$

Das Volumen des Dampfes vor der Überhitzung ist:

$$V_{dn} = \frac{D \cdot 46{,}83\,(273 + t_n)}{\frac{10336 \cdot q}{760}} \qquad (35)$$

Beispiel 21. Für den oben genannten Fall ist:

$$p = 10336 \qquad t_h = 110^0 \qquad t_n = 100^0,$$

$$V_{dh} = \frac{D \cdot 46{,}83\,(273 + 110)}{10336} = 1{,}735 \cdot 13157 = 22827 \text{ cbm}.$$

$$V_{dn} = \frac{D \cdot 46{,}83\,(273 + 100)}{10336} = 1{,}689 \cdot 13157 = 22422 \text{ cbm}.$$

In der Tabelle XXIII sind nun die zum Auftrocknen von 100 kg Wasser nötigen Dampfgewichte D und deren Volumina V_{dh} und V_{dn} für einige Fälle zusammengestellt, und zwar für die Arbeit bei atmosphärischem Druck (1 Atmosphäre), bei geringerem (148—288—525 mm Quecksilbersäule) und bei höherem Druck (1,4—2—2,75—3,5 Atmosphären absolut). Es zeigt sich aus Tabelle XXIII, daß die Volumina des zu bewegenden Dampfes bei sehr geringem Druck sehr groß sind, daß dies aber bei atmosphärischem und hohem Druck keineswegs der Fall ist, so daß sie dieser Trockenmethode nicht hinderlich sind.

11. Das Trocknen mit direkten Feuergasen. Tabelle XXIV[1]).

A. Ungemischte Feuergase.

Manche nasse Stoffe leiden nicht, wenn heiße Abgase einer Feuerung direkt über sie geleitet werden, um sie zu trocknen. Im nachstehenden sind die wesentlichsten theoretischen Betrachtungen, die solche Anlagen erfordern, angestellt und in Tabelle XXIV geordnet.

---

[1]) Nach einem Artikel des Verfassers im Gesundheits-Ingenieur. Nr. 22. 1901.

Die Leistungsfähigkeit der verschiedenen Brennstoffe ist in Hinsicht auf ihre Trockenfähigkeit recht verschieden, aber da nicht alle Brennstoffe behandelt werden können, so sind die neun in der Tabelle XXIV aufgeführten ausgewählt, weil diese die meistverwendeten sind.

Die chemische Zusammensetzung auch der gleichen Brennstoffe ist nicht immer und an allen Orten die gleiche, und daher sind die in der Tabelle XXIV angegebenen mittleren Werte ihres Gehaltes an Kohlenstoff, Wasserstoff, Wasser und Asche der Rechnung zugrunde gelegt[1]).

Luftbedarf. Für jeden Brennstoff wird zu seiner vollkommenen Verbrennung theoretisch ein bestimmtes Sauerstoffgewicht, also ein bestimmtes Luftgewicht, erfordert, aber in Wirklichkeit muß ihm, um vollkommene Verbrennung zu erzielen, etwa das 1,8fache bis doppelte Gewicht davon zugeführt werden. Dieses doppelte theoretische Luftgewicht für 1 kg Brennstoff ist in Tabelle XXIV Zeile 5 angegeben, und darunter steht das Volumen dieser Luftmenge bei 0° und 760 mm Barometer.

Normale Luft besteht, abgesehen von gewissen schwankenden Beimischungen, aus 23,58 Gewichtsteilen Sauerstoff (O) und 76,42 % Stickstoff (N). Es finden sich in den Zeilen 7 und 8 die Gewichte dieser Gase, die für 1 kg Brennstoff wirklich zugeführt werden müssen, vermerkt. Die atmosphärische Luft enthält immer Wasserdunst (H_2O), und wenn angenommen wird, daß sie bis zu $^3/_4$ damit gesättigt sei, so zeigt die Zeile 9 auch das Wasserdunstgewicht, das die Luft auf 1 kg Brennstoff zuführt. Bei der vollkommenen Verbrennung entsteht kein Kohlenoxydgas, sondern nur Kohlensäure (CO_2). Ein Teil des Sauerstoffes der zugeführten Luft geht zum Kohlenstoff und bildet Kohlensäure. Zu 12 Gewichtsteilen Kohlenstoff gehen 2×16 Teile Sauerstoff und geben 44 Teile Kohlensäure. Ein zweiter Teil des Luftsauerstoffes geht zum Wasserstoff und bildet Wasser. Zu je 2 Gewichtsteilen Wasserstoff gehen 16 Gewichtsteile Sauerstoff und bilden 18 Gewichtsteile Wasser. Der Rest des Sauerstoffs bleibt ungebunden und ebenso der gesamte Stickstoff.

---

[1]) Sammlung von Heizwerten der Brennstoffe (Magdeb. V. f. Dampfkesselbetrieb).

Beispiel 22. 1 kg Backkohle enthält 0,766 kg Kohlenstoff und 0,041 kg Wasserstoff.

Zum Kohlenstoff treten:

$$\frac{32}{12}\,0{,}766 = 2{,}043 \text{ kg Sauerstoff}$$

und bilden:

$$0{,}766 + 2{,}043 = 2{,}809 \text{ kg Kohlensäure.}$$

Zum Wasserstoff treten:

$$\frac{16}{2}\,0{,}041 = 0{,}328 \text{ kg Sauerstoff}$$

und bilden:

$$0{,}041 + 0{,}328 = 0{,}369 \text{ kg Wasser.}$$

Die 20,2 kg zugeführte Luft enthalten 4,76 kg Sauerstoff und 15,44 kg Stickstoff, und daher bleiben 4,76 — (2,043 + 0,328) = 2,389 kg Sauerstoff und 15 kg Stickstoff ungebunden.

Das von der Luft zugeführte Wasser + dem im Brennstoff enthaltenen + dem neugebildeten gibt:

$$0{,}1616 + 0{,}163 + 0{,}369 = 0{,}693 \text{ kg Wasser.}$$

Aus 1 kg Backkohle und 20,2 kg Luft nebst 0,163 kg Wasser entstehen also:

Zeile 12	2,809	Kohlensäure (CO_2)
„ 16	2,389	Sauerstoff (O)
„ 17	15,440	Stickstoff (N)
„ 18	0,693	Wasser (H_2O)
Zeile 20	21,331	kg Gas und Dampf.

Wärme. Wenn 1 kg Kohlenstoff (C) zu Kohlensäure (CO_2) verbrennt, so werden 8080 WE. frei. Wenn 1 kg Wasserstoff (H) zu Wasser (H_2O) verbrennt, so werden (wenn die Verbrennungsprodukte gasförmig bleiben) 28780 WE frei. Hieraus ergibt sich die durch Verbrennung von 1 kg Brennmaterial entwickelte Wärmemenge (Zeile 23).

Beispiel 23. Bei der Verbrennung von 1 kg Backkohle, die 0,766 kg C und 0,041 kg H enthält, werden

$$\begin{aligned} 0{,}766 \cdot 8080 &= 6189{,}28 \\ 0{,}041 \cdot 28780 &= 1179{,}98 \\ \text{zusammen } &\overline{7369{,}26} \text{ WE. frei.} \end{aligned}$$

Die Temperatur (Zeile 24) der Verbrennungsprodukte wird durch folgende Überlegung gefunden:

Die bei der Verbrennung von 1 kg Kohlenstoff (C) zu Kohlensäure (CO_2) frei werdenden 8080 WE. und die bei der Verbrennung von 1 kg Wasserstoff (H) zu Wasser (H_2O)

frei werdenden 28780 WE. müssen sich auf die gesamten Verbrennungsprodukte verteilen.

Zunächst muß alles im Brennstoff enthaltene Wasser in Wasserdampf verwandelt werden (das von der Luft zugeführte ist schon dampfförmig), und wird angenommen, daß alle Stoffe ursprünglich die Temperatur 0° hätten, so sind dazu für 1 kg Wasser 606 WE. erforderlich. Diese Verdampfungswärme muß von der ganzen erzeugten Wärmemenge abgezogen werden, und der Rest dient dann dazu, die entstandenen Gase und Dämpfe sowie die Asche auf die Temperatur t zu erhöhen.

Die spezifische Wärme der Gase steigt mit ihrer wachsenden Temperatur und ist die folgende[1]):

Temp. C°	O	N u. CO	CO_2	H	Temp. °C	O	N u. CO	CO_2	H
100	0,2174	0,2484	0,2061	3,43	900	0,2266	0,2583	0,2500	3,58
200	0,2177	0,2488	0,2140	3,48	1000	0,2280	0,2606	0,2568	3,59
300	0,2187	0,2499	0,2217	3,49	1100	0,2293	0,2620	0,2600	3,62
400	0,2199	0,2509	0,2273	3,50	1200	0,2308	0,2638	0,2633	3,64
500	0,2208	0,2523	0,2340	3,51	1300	0,2322	0,2652	0,2656	3,66
600	0,2021	0,2538	0,2388	3,52	1400	0,2337	0,2670	0,2678	3,68
700	0,2237	0,2556	0,2452	3,54	1500	0,2350	0,2684	0,2701	3,69
800	0,2253	0,2573	0,2497	3,56					

Für die Bestimmung der Temperatur der Abgase entsteht also die Gleichung:

$$t_h = \frac{C \cdot 8140 + H \cdot 28700 - 606 w_b}{CO_2 \cdot \sigma_c + W \cdot \sigma_w + O \cdot \sigma_o + N \cdot \sigma_n + A \cdot \sigma_a} \quad (36)$$

Beispiel 24. Die Temperatur der Verbrennungsprodukte von Backkohle der angegebenen Zusammensetzung ergibt sich, wenn das Doppelte der theoretisch erforderlichen Luftmenge zugeführt wird:

$$t_h = \frac{0{,}766 \cdot 8080 + 0{,}041 \cdot 28780 - 0{,}163 \cdot 606}{2{,}809 \cdot 0{,}266 + 0{,}693 \cdot 0{,}475 + 2{,}379 \cdot 0{,}233 + 15{,}44 \cdot 0{,}266 + 0{,}03 \cdot 0{,}2} = 1280^0\,C.$$

Die mittlere spezifische Wärme des heißen Gasgemisches wird gefunden, wenn das Gewicht jedes einzelnen Gasanteiles mit seiner spez. Wärme multipliziert, die gewonnenen Produkte addiert und durch das Gesamtgewicht geteilt werden.

[1]) Aus den Molekularwärmen vom Verfasser umgerechnet.

Beispiel 25. Für Backkohle (bei 1350°):

$$\sigma_g = \frac{CO_2 \cdot \sigma_c + W \cdot \sigma_w + O \cdot \sigma_o + N \cdot \sigma_n}{CO_2 + W + O + N} \quad \ldots \ldots (37)$$

$$\frac{2{,}809 \cdot 0{,}266 + 0{,}693 \cdot 0{,}475 + 0{,}233 \cdot 0{,}2175 + 15{,}44 \cdot 0{,}266}{2{,}809 + 0{,}693 + 2{,}379 + 15{,}44} = \sigma_g = 0{,}2666.$$

Aus dem bekannten Gewichte der Verbrennungsgase und aus deren nun bekannter spez. Wärme folgt die Anzahl von Wärmeeinheiten (c), die notwendig ist, um die Verbrennungsgase von 1 kg Brennstoff (unter der Annahme der doppelten theoretischen Luftzuführung) um 1° C zu erhöhen oder zu erniedrigen (Zeile 26).

Beispiel 26. 1 kg Backkohle liefert 21,33 kg Gase, deren spez. Wärme = 0,2479 ist; um dieses Gemenge um 1° zu erhöhen, sind

$$c = 21{,}33 \cdot 0{,}2479 = 5{,}288 \text{ WE. erforderlich.}$$

Die spezifischen Gewichte (Zeile 27) der einzelnen Abgase, bezogen auf Luft = 1, sind:

Kohlensäure	s_c	= 1,5921
Wasserdampf	s_w	= 0,6233
Sauerstoff	s_o	= 1,1056
Stickstoff	s_n	= 0,9714

und aus diesen bestimmt sich das spez. Gewicht des ganzen Gasgemenges:

$$s_g = \frac{CO_2 \cdot s_c + W \cdot s_w + O \cdot s_o + N \cdot s_n}{CO_2 + W + O + N} \quad \ldots (38)$$

Beispiel 27. Für Backkohle:

$$s_g = \frac{2{,}809 \cdot 1{,}5291 + 0{,}693 \cdot 0{,}6233 + 2{,}379 \cdot 1{,}1056 + 15{,}44 \cdot 0{,}9814}{2{,}809 + 0{,}693 + 2{,}379 + 15{,}44} = 1{,}044.$$

Das Volumen V_g der Verbrennungsgase (Zeile 29) aus 1 kg Brennstoff, deren Gewicht = G ist, ist bei ihren oben berechneten Temperaturen bestimmt durch die Gleichung:

$$V_g = \frac{G(1 + \alpha t)}{1{,}2932 \cdot s_g} \quad \ldots \ldots \ldots (39)$$

Beispiel 28. Für Backkohle:

$$\frac{21{,}33\,(1 + 0{,}003665 \cdot 1280)}{1{,}2932 \cdot 1{,}044} = 89{,}15 \text{ cbm.}$$

Mit Hilfe der bis dahin gewonnenen Angaben ist nun ohne große Mühe auszurechnen, wieviel Wasser durch die

Abgase von 1 kg Brennstoff verdunstet werden kann. Dabei sind aber zwei Fälle zu unterscheiden, nämlich der, wenn die Gase und Dämpfe den Trockenraum mit einer Temperatur von 100° und mehr verlassen, von dem, wenn sie unter 100° abströmen.

Es ist ja ohne weiteres deutlich, daß der Dampf aus der verdunsteten Flüssigkeit, der in und mit den Abgasen fortgeht, sobald seine Temperatur 100° und mehr beträgt, sich im Zustande der Überhitzung befinden muß, denn während seine Spannung stets unter 1 Atm. absolut bleibt, wird er auf Temperaturen gebracht, bei denen gesättigter Dampf schon Spannungen von vielen Atmosphären haben müßte.

In diesem ersten Falle also verhalten sich die Wasserdämpfe wie sogenannte permanente Gase.

Im zweiten Falle, wenn die Gase den Trockenraum mit Temperaturen unter 100° verlassen, kann es sich aber leicht ereignen, daß die mit ihnen fortgehenden Wasserdämpfe sich im Zustande der Sättigung befinden, denn die Spannung gesättigter Dämpfe unter 100° ist immer geringer als 1 Atm. absolut, und daher bleibt in dem Raum, den sie einnehmen, auch noch Raum für andere Gase, im vorliegenden Fall für die Rauchgase.

Im ersten Fall, wenn die Temperatur der Abgase höher als 100° sein soll, kann diese Temperatur ziemlich beliebig festgesetzt werden, und von ihr hängt dann das Gewicht des verdunsteten Wassers ab, denn die Wärme, die das Gasgemisch verliert, indem es sich von seiner ursprünglichen auf die beabsichtigte Abgangstemperatur erniedrigt, muß nur ausreichen, das fragliche Wassergewicht w zu verdunsten. Eine andere Bedingung ist hier nicht zu erfüllen. Es ist nur die folgende Gleichung auszurechnen:

$$G \cdot \sigma_g \cdot (t_h - t_n) = w \cdot C \quad . \quad . \quad . \quad . \quad . \quad (40)$$

Man muß für diese Rechnung aber die Wärmemenge C kennen, die erforderlich ist, um aus 1 kg Wasser überhitzten Dampf zu erzeugen.

Nach Zeuner (Grundzüge der mechan. Wärmetheorie) ist die Gesamtwärme C, die 1 kg Wasser braucht, um bei der absoluten Temperatur T und atmosphärischer Spannung überhitzt zu sein:

$$C = J_o + c_p\left(T - \frac{C}{B} p^{\frac{k-1}{k}}\right) \text{WE} \quad . \quad . \quad . \quad . \quad (41)$$

worin

$$J_o = 476{,}11 \qquad C = 192{,}5 \qquad B = 50{,}933$$

$$c_p = 0{,}4805 \qquad \frac{k-1}{k} = 0{,}25 \qquad p = 10000 = 1 \text{ Atm.}$$

$$C = 476{,}11 + 0{,}4805\left(T - \frac{192{,}5}{50{,}93} \cdot 10000^{0{,}25}\right)$$

$$C = 476{,}11 + 0{,}4805\,(T - 37{,}8) \,.\;.\;.\;.\;.\; (42)$$

Hiernach ist der Gesamtwärmegehalt von 1 kg überhitzten Wasserdampfs bei 1 Atm. abs. Druck bei den Temperaturen:

t_n =	100°	150°	200°	250°	300°
C =	637,07	661,1	685,12	716,36	733,17 WE.

Werden in die Gleichung 40:

$$w = \frac{G \cdot \sigma_g (t_h - t_n)}{C}$$

nun für die verschiedenen Brennmaterialien und die verschiedenen beabsichtigten Abgangstemperaturen bestimmte Zahlen gesetzt, so liefert sie die in der Tabelle XXIV (Zeilen 30—34) angeführten Gewichte des verdunsteten Wassers w.

Beispiel 29. Für Backkohle, wenn die Abgangstemperatur $t_n = 100^0$ betragen soll, folgt:

$$w = \frac{21{,}33 \cdot 0{,}2676\,(1280 - 100)}{637{,}07} = 10{,}76 \text{ kg Wasser.}$$

Im zweiten Falle. Sollen die Gase den Trockenraum mit Temperaturen von weniger als 100° verlassen, was fast stets das wirtschaftlichere ist, so kann im günstigsten Fall der von den Gasen aufgenommene Wasserdampf gesättigt sein. Dann sind zur Bestimmung seines Gewichtes die auf Seite 16 angegebenen zwei Bedingungen zu erfüllen, und daher ist dann auch die dort beschriebene Art und Weise für die Berechnung des Wassergewichtes anzuwenden, d. h. es muß erst die Abgangstemperatur gesucht und mit Hilfe dieser dann das Gewicht der mitgehenden Wasserdämpfe bestimmt werden. Die Gleichung 10:

$$\frac{t_h - t_n}{d_n - d_a} = \frac{C_s}{w(0{,}2375 \cdot d_a 0{,}475)}$$

gilt auch hier, nur mit dem Unterschiede, daß an Stelle der dort verwendeten spez. Wärme der Luft ($\lambda = 0{,}2375$) hier die spez. Wärme der Abgase σ_g, die für jeden Fall eine andere ist, in Betracht kommt.

Da nun also (wenn die Bedingung gestellt wird, daß die Abgase mit Wasserdampf gesättigt sein sollen) die Abgangstemperatur nicht a priori bekannt ist, sondern erst gefunden werden muß, so ist auch die für die Verdunstung des Wassers verfügbare Wärme C_w (die von der Abgangstemperatur abhängt) nicht bekannt; es ist daher, um C_w zu finden, ein Ausdruck zu suchen, in dem die Abgangstemperatur t_n nicht vorkommt.

Dies ist in Gleichung 11 der Fall:

$$C_w = w(640 - t_u).$$

Setzen wir diesen Wert in die Gleichung 10, so folgt:

$$\frac{t_h - t_n}{d_n - d_a} = \frac{w(640 - t_u)}{w(\sigma_g + d_a \cdot 0{,}475)}.$$

Nehmen wir, wie es bei dieser ganzen Betrachtung geschehen, die ursprüngliche Temperatur des zu verdunstenden Wassers $t_u = 0^0$ an, so entsteht:

$$\frac{t_h - t_n}{d_n - d_a} = \frac{640}{\sigma_g + d_a \cdot 0{,}75}, \quad \ldots\ldots \quad (43)$$

und aus dieser Gleichung kann mit einigem Probieren die Abgangstemperatur t_n gefunden werden.

Nun ist aber (und dies bedingt hier eine kleine Änderung der a. a. O. angeführten Zahlen) das spez. Gewicht s_g der Abgase, wenn man das in ihnen enthaltene Wasser fortdenkt, nicht = 1 (wie bei der Luft), sondern im Durchschnitt = 1,05 (abweichend davon bei Holz = 0,98, bei Koks = 1,075, bei Holzkohle = 1,062), daher kann 1 kg der Abgase nicht ebensoviel Wasser enthalten wie die atm. Luft, sondern im Mittel nur:

$$\frac{1}{1{,}05} = 0{,}9524 \text{ davon.}$$

Unter Berücksichtigung dessen findet sich mit Hilfe der Tabelle I, daß 1 kg Gas bei den hier in Betracht kommenden Temperaturen

bei 70	71	72	73	74	75	76° C
d_a = 0,2799	0,301	0,322	0,343	0,365	0,387	0,420 kg

bei 77	78	79	80° C
d_a = 0,454	0,487	0,520	0,554 kg

Wasser aufnehmen kann.

Nach den Angaben der Tabelle XXIV enthalten die Abgase von 1 kg Brennstoff die in der Zeile 18 angegebenen Gewichte an Wasserdunst; demnach führt 1 kg trockenes Gas das in Zeile 35 angegebene Wassergewicht schon in den Trockenraum, und es ist zu bestimmen, wieviel Wasser dieses Kilo Gas nun noch aus dem Trockengut annehmen kann, um gesättigt zu sein.

Diese Bestimmung geschieht mit Hilfe der eben genannten Zahlen und unter Benutzung der Gleichung 43, indem zuerst durch einiges Probieren die Temperatur t_n der aus dem Trockenraum abziehenden Gase berechnet wird (Zeile 36).

Beispiel 30. Für Backkohle:

$$\frac{1280 - t_n}{d_n - 0{,}0336} = \frac{640}{0{,}266 + 0{,}0336 \cdot 0{,}475} = 2280,$$

für $t_n = 81^0$ ist $d_n = 0{,}565$ und damit erscheint 2270.

Die Abgangstemperatur t_n ist also etwa 81° C.

Mit Hilfe der so gefundenen Abgangstemperatur und unter Benutzung der Tabelle I und der Gleichung 7 : $L\,(d_n - d_a) = w$ berechnet sich dann leicht das von den Abgasen bis zu ihrer vollen Sättigung aufgenommene Wassergewicht (Zeile 37).

Beispiel 31. Für Backkohle:

$$w = 20{,}628\,(0{,}5715 - 0{,}0336) = 11{,}24 \text{ kg}.$$

Nun bleibt nur noch übrig, das Volumen des den Trockenraum verlassenden Gas- und Dampfgemisches zu bestimmen.

Dieses Gas- und Dampfgemisch setzt sich zusammen aus den ursprünglich hochtemperierten Feuergasen, deren spez. Gewichte (mit deren Hilfe auch die Volumina dieser Gase bei ihren Entstehungstemperaturen berechnet wurden) oben Zeile 25 angegeben sind, und aus dem von diesen Gasen aufgenommenen Wasserdampf.

Das Volumen der Feuergase V_g bei den Abgangstemperaturen t_n aus dem Trockenraum lehrt die Gleichung:

$$V_g = \frac{G(1 + \alpha t_n)}{1,2932 \cdot s_g}.$$

Das Volumen des von ihnen aufgenommenen und überhitzten Dampfes gibt die Zeunersche Formel:

$$p V_d = 50,9 T - 192,5 \sqrt[4]{p}, \quad \ldots \ldots (44)$$

nach der 1 kg überhitzten Dampfes bei dem Druck von 1 Atm. abs. (p = 10000) und den Temperaturen von:

t_n = 81	100	150	200	250	300° C
1,609	1,706	1,9605	2,215	2,469	2,724 cbm

Raum einnimmt.

Hiernach sind die in den Zeilen 38÷54 angegebenen Volumina der den Trockenraum verlassenden Gase und Dämpfe gefunden.

Beispiel 32. 1 kg Backkohle liefert 21,32 kg trockene Abgase mit einem spez. Gewicht $s_g = 1,044$, deren Volumen bei 300° ist:

$$V_g = \frac{21,33 (1 + 0,003665 \cdot 300)}{1,2932 \cdot 1,044} = 34,57 \text{ cbm}.$$

Dieses Gas nimmt bei 300° auf: 7,61 kg Wasser, dessen Volumen als überhitzter Dampf:

$$V_d = 7,61 \cdot 2,724 = 20,72 \text{ cbm beträgt.}$$

Das Gesamtvolumen der aus dem Trockenraum strömenden Dämpfe und Gase ist also für 1 kg dieser Backkohle:

$$V_n = V_g + V_d = 34,57 + 20,72 = 55,29 \text{ cbm}.$$

Im Falle die Abgangstemperatur nur 79,5° beträgt, sind die Abgase als mit Wasserdampf gesättigt angenommen. Das Volumen von 1 kg gesättigten Wasserdampfes bei 79,5° ist = 3,25 cbm, und in diesem Volumen müssen dann auch die Abgase enthalten sein.

Beispiel 33. 1 kg Backkohle enthält und nimmt auf 0,693 + 11,240 = 11,933 kg Wasser, die bei 79,5 = 11,933 · 3,19 = 38,00 cbm Dampf ergeben.

Da die Abgase nie vollkommen mit Wasserdampf gesättigt sein werden, so ist auch die in den Zeilen 30÷34 und 37 angegebene Trockenleistung von 1 kg Brennstoff nie ganz zu erreichen.

Je niedriger die Abgangstemperatur der Gase und Dämpfe, desto größer ist die Trockenleistung von 1 kg Brennstoff.

Wenn der Feuerung mehr Luft zugeführt wird, als für den vollkommenen Verbrauch erforderlich, so sinkt die Trockenleistung für 1 kg Brennstoff.

B. Mit Luft gemischte Feuergase.

Da nicht jedes Trockengut, auch wenn es noch recht feucht ist, die unmittelbare Berührung mit den ganz heißen Feuergasen verträgt, so können diese, ehe sie auf das Trockengut gelangen, durch Zumischung von frischer Luft auf eine beabsichtigte Temperatur t_m gekühlt werden, und es ist dann festzustellen, welche Luftmengen den Feuergasen in jedem Fall zuzumischen sind, wieviel Wasser die Mischung im Verhältnis zum ungemischten Feuergase auftrocknen kann und welche Ablufttemperaturen entstehen.

Es sei F das Gewicht, σ_f die spez. Wärme, t_f ($= t_h$) die Temperatur des Feuergases, L, σ_L, t_a das Gleiche für die Luft, σ_m und t_m für die Mischung, so ist:

$$(F + L)\,\sigma_m\, t_m = F \cdot \sigma_f \cdot t_f + L \cdot \sigma_L \cdot t_a \quad . \quad . \quad . \quad . \quad (45)$$

und da:

$$\sigma_m = \frac{F \cdot \sigma_f + L \cdot \sigma_L}{F + L}$$

ist, so folgt:

$$(F + L)\left(\frac{F \cdot \sigma_f + L \cdot \sigma_L}{F + L}\right) t_m = F \cdot \sigma_f \cdot d_f + L \cdot \sigma_L \cdot t_a$$

und daraus das Luftgewicht:

$$L = \frac{F \cdot \sigma_f \cdot (t_f - t_m)}{\sigma_L\,(t_m - t_a)} \quad . \quad . \quad . \quad . \quad . \quad . \quad . \quad (46)$$

Beispiel 34. Ist die spezifische Wärme des Gases $\sigma_f = 0{,}266$, diejenige, der Luft $\sigma_L = 0{,}24$, sind ihre Temperaturen $t_f = t_h = 1000^0$, $t_a = 10^0$ so müssen, um eine Mischung von $t_m = 400^0$ zu erhalten:

$$L = \frac{1 \cdot 0{,}266\,(1000 - 400)}{0{,}24\,(400 - 10)} = 1{,}70 \text{ kg Luft}$$

zu jedem Kilo Feuergas zugemischt werden.

Um die Ablufttemperatur t_n und den Wassergehalt der Mischung d_n dabei zu bestimmen, kann die Gleichung (10) behilflich sein, wenn in diese für t_h die hier geltende Höchsttemperatur der Mischung t_m eingesetzt wird und wenn ferner, um der Vereinfachung willen, der Wärmeaufwand $C_r + C_g + C_a$ als ein Teil der für die Wasserverdunstung erforderlichen C_w ausgedrückt wird. Wird für 1 kg Wasser $C_w = 620$ WE. angenommen und sodann, daß $C_r + C_g + C_a$ den Teil β (d. h. $\beta \cdot 620$) davon betrage, so erhält die Gleichung (10) die Form:

$$\frac{t_m - t_n}{d_n - d_a} = \frac{w \cdot 620 (1 + \beta)}{w(\sigma_m + 0{,}475 \cdot d_a)} \quad \ldots\ldots \quad (47)$$

Ist die ursprüngliche Lufttemperatur $t_a = 10^0$ und daher für völlige Sättigung $d_a = 0{,}00771$, die spez. Wärme der Mischung $\sigma_m = 0{,}25$, betragen $C_r + C_g + C_a$ etwa 10 v. H. der Verdampfungswärme der Feuchtigkeit und darf endlich angenommen werden, daß 1 kg der Mischung von Feuergas und Luft gerade soviel Wasser zu ihrer Sättigung aufnimmt wie reine Luft, so entsteht:

$$\frac{t_m - t_n}{d_n - 0{,}00771} = \frac{620 + 62}{(0{,}25 + 0{,}475 \cdot 0{,}00771)}$$

$$\frac{t_m - t_n}{d_n - 0{,}00771} = 2690 \text{ WE.},$$

und endlich die einfache Gleichung:

$$\mathbf{t_n = t_m + 20{,}74 - 2690\, d_n} \quad \ldots\ldots \quad \mathbf{(48)}$$

Wird in diese Gleichung die beabsichtigte Mischungstemperatur t_m eingesetzt, so gibt sie mit Hilfe der Tabellen I und IV die Ablufttemperatur t_n und den Wassergehalt d_n von 1 kg Mischung dabei. Um zu erfahren wieviel Wasser nun 1 kg Feuergas nach der Mischung verdunstet hat, muß das für d_n gefundene Ergebnis mit $L + 1$ multipliziert werden.

Um einen Vergleich anstellen zu können darüber, in welchem Maße durch Zumischung von Luft zum Feuergase die Wasseraufnahmefähigkeit eines Kilo Feuergas abnimmt, ist es zweckmäßig auch zu berechnen, wieviel Wasser d_n und bei welcher Ablufttemperatur t_n 1 kg reines Feuergas vor der Mischung hätte aufnehmen können. Die hierzu dienende Gleichung lautet dann bei $\sigma_f = 0{,}266$ ganz ähnlich wie vorher:

$$\frac{t_f - t_n}{d_n - d_a} = \frac{680}{0{,}266 + 0{,}475 \cdot d_a} \text{ worin } d_a = 0{,}00771$$

$$\frac{t_f - t_n}{d_n - 0{,}00771} = 2531$$

$$\mathbf{t_n = t_f + 19{,}51 - 2530\, d_n} \quad \ldots\ldots\ldots \quad \mathbf{(49)}$$

Die nachfolgenden Beispiele sollen die Wirkung der Luftzumischung zeigen. Bei allen ist die ursprüngliche Temperatur t_a der ganz gesättigten Luft $= 10^0$ und der Wert von $C_r + C_g + C_a = 10$ v. H. von C_w (d. i. **62** WE.) angenommen. Um das wirklich aufgetrocknete Wassergewicht $(w_n - w_a)$ zu erhalten, muß von dem berechneten Wassergehalt w_n des einen Kilo Feuergas oder der L + 1 kg Mischung das von Anbeginn in diesen enthaltene Wasser w_a abgezogen werden.

Beispiele 35. a) Wenn 1 kg ungemischtes Feuergas verwendet wird (Gleichung 49):

Feuergastemperatur:	$t_f = t_m =$	900	1000	1100	1200^0 C
Ablufttemperatur:	$t_n =$	72,5	74	75,5	$76,5^0$ „
Wassergehalt dabei:	$w_n =$	0,332	0,369	0,408	0,447 kg
Aufgenommenes Wasser:	$w_n - w_a =$	**0,314**	**0,351**	**0,389**	**0,429** „

b) Wenn zu 1 kg Feuergas zur Herstellung der Mischtemperatur t_m L kg Luft gemischt werden (Gleichung 48):

$t_m = 500^0$	$L =$	0,890	1,125	1,35	1,57 kg
	$t_n =$	$61,5^0$	$61,5^0$	$61,5^0$	$61,5^0$ C
	$w_n =$	0,315	0,354	0,392	0,429 kg
	$w_n - w_a =$	**0,292**	**0,328**	**0,364**	**0,399 kg**
$t_m = 400^0$	$L =$	1,140	1,700	1,980	2,250 kg
	$t_n =$	57^0	57^0	57^0	57^0 C
	$w_n =$	0,310	0,350	0,387	0,420 kg
	$w_n - w_a =$	**0,283**	**0,319**	**0,354**	**0,385 kg**
$t_m = 300^0$	$L =$	2,360	2,660	3,040	3,420 kg
	$t_n =$	51^0	51^0	51^0	51^0 C
	$w_n =$	0,305	0,332	0,367	0,402 kg
	$w_n - w_a =$	**0,270**	**0,294**	**0,326**	**0,360 kg**
$t_m = 200^0$	$L =$	4,070	4,660	5,230	5,810 kg
	$t_n =$	43^0	43^0	43^0	43^0 C
	$w_n =$	0,298	0,334	0,367	0,402 kg
	$w_n - w_a =$	**0,250**	**0,028**	**0,310**	**0,340 kg**

Die Beispiele lehren, daß die Luftzumischung die Wasserauftrocknungsfähigkeit des Feuergases etwas vermindert, was noch mehr als hier zu sehen ist eintritt, wenn die zugemischte Luft nicht wie hier 10^0 warm sondern kälter war.

12. Wasserverdunstung vorgewärmter Flüssigkeiten durch atmosphärische Luft (Tropfen). (Tabelle XXV.)

A. Wenn die Luft nicht vorgewärmt ist.

Bei den bisherigen Betrachtungen ist immer angenommen worden, daß die zum Trocknen oder Verdunsten von Wasser zu verwendende Luft, ehe oder während sie das Trockengut berührt, künstlich vorgewärmt wird, und daß sie dann alle für die Wasserverdunstung und Stofferwärmung erforderliche Wärme hergibt. Es kann aber vorkommen, daß gewünscht wird, zum Verdunsten Luft zu verwenden, wie sie die Atmosphäre bietet, dagegen die zu verdunstenden Stoffe selbst künstlich vorzuwärmen, damit diese die für die Lufterwärmung und Wasserverdunstung erforderliche Wärme liefern.

Sofern das zu verdunstende, vorgewärmte Gut flüssig ist, was für das Folgende angenommen wird, kann man es in Strahlen oder Tropfen herabfallen lassen und die Luft ihm von unten entgegenführen, oder es in Tropfen zerstäuben, da es sonst kaum möglich ist, die erforderliche Oberfläche zu beschaffen.

Ist das in einer Stunde zu behandelnde Stoffgewicht = f, sein Trockengehalt in v. H. am Anfang = p_a, und soll am Ende nach dem Verdunsten gleich p_e sein, so ist das dem Stoff in einer Stunde zu entziehende Wassergewicht

$$w = f\left(1 - \frac{p_a}{p_e}\right) \quad . \quad . \quad . \quad . \quad . \quad . \quad . \quad . \quad (50)$$

Bezeichnet man die Temperatur des Stoffes am Anfang mit t_{fa} und am Ende mit t_{fe}, die Temperatur der atmosphärischen Luft am Anfang mit t_{La} und am Ende mit t_{Le}, den Wassergehalt der atmosphärischen Luft (d. h. in 1 kg ganz trockner Luft) am Anfang mit d_a und am Ende mit d_e, die Verdampfungswärme von 1 kg Wasser mit c, und mit σ die spezifische Wärme der Flüssigkeit, so ist das zur Aufnahme von w Kilo Wasser erforderliche Luftgewicht L:

$$L = \frac{w}{d_e - d_a} \quad . \quad . \quad . \quad . \quad . \quad . \quad . \quad (51)$$

Wenn noch die Temperatur der kalten Flüssigkeit $= t_{fk}$ genannt wird und die für die Verdunstung erforderliche Wärme C, so entsteht:

$$C = f \cdot \sigma (t_{fa} - t_{fk}) + wc + L \cdot 0{,}241 (t_{Le} - t_{La}) + \\ + L d_a 0{,}475 \cdot (t_{Le} - t_{La}) \quad \ldots \ldots (52)$$

$$C = f \cdot \sigma (t_{fa} - t_{fk}) + wc + \\ + L (t_{Le} - t_{La}) (0{,}241 + d_a \cdot 0475) \quad . . (53)$$

Weil nun offenbar in den meisten Fällen die einmalige Abkühlung des Stoffes f um die Grade $t_{fa} - t_{fe}$ nicht ausreicht, die Wärme C herzugeben, d. h. einen erheblichen Teil seines Wassers zu verdunsten und die dazu erforderliche Luft zu erwärmen, so ist es notwendig, den Stoff mehrmals zu erwärmen und dann den Verdunstungs-, Zerstäubungs- oder Fallraum durchströmen zu lassen, d. h. es ist erforderlich, in einer Stunde die viel größere Stoffmenge F dem Raum zuzuführen, in dem sich dann jederzeit das Gewicht $\frac{F \cdot z}{3600}$ aufhält, wenn z die Fallzeit in Sekunden bedeutet. Der Teil $\frac{F \cdot z}{3600}$ des Gewichts F kühlt sich jedesmal durch Verdunstung von t_{fa} auf t_{fe} ab. Es muß dieselbe Flüssigkeitsmenge f vielmals im Kreislauf Trockenraum und Heizraum durcheilen.

So entsteht:

$$F = \frac{C}{\sigma (t_{fa} - t_{fe})} \quad \ldots \ldots \ldots (54)$$

Damit die Luft nun von der Flüssigkeit die Wärme C aufnehmen kann, muß diese ihr eine gewisse Oberfläche O darbieten, deren Größe wesentlich von der Wärmeübergangszahl k und dem mittleren Temperaturunterschied ϑ_m zwischen Luft und Flüssigkeit abhängt. Es ist:

$$O = \frac{C}{k \cdot \vartheta_m} \quad \ldots \ldots \ldots (55)$$

Der mittlere Temperaturunterschied wird wie bekannt nach Tabelle 1[1]) bestimmt aus dem Verhältnis:

$$\frac{t_{fa} - t_{Le}}{t_{fe} - t_{La}} \quad \ldots \ldots \ldots (56)$$

1) Siehe: Hausbrand, Verdampfen, Kondensieren und Kühlen, 6te Aufl. Berlin 1920.

Beispiel 36. Die Flüssigkeit soll sich von $t_{fa} = 80^0$ auf $t_{fe} = 70^0$ abkühlen, die Luft sich von $t_{La} = 20^0$ auf $t_{Le} = 75^0$ erwärmen, so ist, wenn Gegenstrom herrscht:

$$\frac{t_{fa} - t_{Le}}{t_{fe} - t_{La}} = \frac{80 - 75}{70 - 20} = \frac{5}{50}.$$

Folglich nach Tabelle 1 a. a. O. der mittlere Temperaturunterschied $\vartheta_m = 0{,}391 \cdot 50 = 19{,}550^0$ C.

Die Wärmeübergangszahl k für 1 qm/St./qm zwischen Luft und Flüssigkeit bei direkter Berührung wird = 20 anzunehmen sein, weil die fallenden Tropfen die Luft mit Geschwindigkeit durcheilen.

Die Oberfläche O muß dauernd in dem Arbeitsraum der durchströmenden Luft dargeboten werden, und zwar von demjenigen Flüssigkeitsgewicht, das sich jederzeit in diesem Raume aufhält. Das im Arbeitsraume enthaltene Flüssigkeitsgewicht muß also so verteilt sein, daß es die Oberfläche O bildet. Dabei ist es erforderlich, daß diese Oberfläche sich auf kleine Körper verteilt, und daß sie oft wechselt, weil die Wärmeabgabe nur an der Oberfläche ziemlich schnell vor sich geht, aber nur sehr langsam auch in den innern Kern dringt. Von den mannigfaltigen Formen, die die Flüssigkeit im Arbeitsraum annehmen kann, betrachten wir aus naheliegenden Gründen nur eine, d. i. die der Tropfen oder Kugeln.

Die Oberfläche der Kugel verhält sich zu ihrem Inhalt wie $6 : \delta$ $\left(\text{nämlich wie } \delta^2\pi : \frac{\delta^3\pi}{6}\right)$.

Fällt in einer Stunde durch den Arbeitsraum das Flüssigkeitsgewicht F in kg, ist folglich in der Zeit z in Sekunden jederzeit das Gewicht $\frac{F \cdot z}{3600}$ darin vorhanden, und ist ihr spez. Gewicht = s, so ist das Volumen im Raum:

$$\frac{F \cdot z \cdot 0{,}001}{s \cdot 3600} \text{ cbm} \quad \ldots \ldots \ldots \quad (57)$$

Bedeutet δ in Millimetern den Durchmesser der Tropfen oder Kugeln, so ergibt sich die Gleichung:

$$\frac{F \cdot z \cdot 0{,}001}{s \cdot 3600} = \frac{\pi \cdot \delta^3 \cdot n}{6 \cdot 1000^3} \quad \ldots \ldots \quad (58)$$

und da

$$O = \frac{C}{k \cdot \vartheta_m} = \frac{\pi \cdot \delta^2 \cdot n}{1000^2} \quad \ldots \ldots \quad (59)$$

ist, so folgt:

$$\delta = \frac{6 \cdot F \cdot z \cdot 0{,}001 \cdot k \cdot \vartheta_m \cdot 1000}{s \cdot 3600 \cdot C} \text{ in mm} \quad . \quad . \quad . \quad (60)$$

und weil

$$C = F \cdot (t_{fa} - t_{fe})\,\sigma \quad . \quad . \quad . \quad . \quad . \quad . \quad . \quad . \quad (61)$$

ist, entsteht:

$$\delta = \frac{6 \cdot F \cdot z \cdot k \cdot \vartheta_m}{s \cdot 3600 \cdot F\,(t_{fa} - t_{fe}) \cdot \sigma} \quad . \quad . \quad . \quad . \quad . \quad (62)$$

und endlich:

$$\delta = \frac{z \cdot k \cdot \vartheta_m}{s \cdot 600\,(t_{fa} - t_{fe}) \cdot \sigma} \text{ in mm} \quad . \quad . \quad . \quad . \quad . \quad (63)$$

Diese Gleichung gibt also die Beziehung der Tropfendurchmesser δ zu der geforderten Leistung an.

Beispiel 37. Es sollen in 1 Stunde $f = 100$ kg einer Flüssigkeit ($\sigma = 1$) von $t_{fk} = 15^0$ C, die 10% Trockengehalt besitzt, auf 50% Trockengehalt eingedickt werden, wobei die Flüssigkeit höchstens auf $t_{fa} = 60^0$ vorgewärmt werden und sich innerhalb des Apparatraumes auf $t_{fe} = 50^0$ abkühlen darf. Die Luft habe $t_{La} = 0^0$ oder 15^0 oder 30^0 und werde jedesmal auf $t_{Le} = 50^0$ an der Flüssigkeit erwärmt. In allen Fällen sei sie $^3/_4$ mit Wasserdampf gesättigt. Dann ist aus der Flüssigkeit zu verdunsten das Wassergewicht:

$$w = 100\left(1 - \frac{p_a}{p_e}\right) = 100\left(1 - \frac{10}{50}\right) = 80 \text{ kg}.$$

1 kg Luft ($^3/_4$ gesättigt) enthält nach Tabelle IV bei:

		0^0	15^0	30^0	
	d_a =	0,00288	0,00806	0,02050	kg Wasser,
bei		50^0	50^0	50^0	
	d_e =	0,0651	0,0651	0,0651	kg Wasser.

Folglich nimmt 1 kg Luft auf:

$d_a - d_e$ =	0,0622	0,05604	0,0446	kg Wasser.

Zur Aufnahme von 80 kg Wasser sind also erforderlich:

	L = 1286	1428	1795	kg Luft,
oder	1298	1470	1813	cbm bei 50^0.

An Wärmeaufwand ist erforderlich:

$$C = f\,(t_{fa} - t_{fk})\,\sigma + 80\,c + L\,(50 - t_{La})\,(0{,}241 + d_a\,0{,}475).$$

Das ist wenn die Luft anfangs 0^0 hatte:

$$C = 100 \cdot (60 - 15) + 80 \cdot 565 + 1286 \cdot 50\,(0{,}241 + 0{,}00288 \cdot 0{,}475) = 65059 \text{ WE}.$$

Wenn die Luft anfangs 15^0 hatte:

$$C = 100\,(60 - 15) + 80 \cdot 565 + 1428 \cdot 35\,(0{,}241 + 0{,}00806 \cdot 0{,}475) = 61761 \text{ ,,}$$

Wenn sie 30^0 hatte:

$$C = 100\,(60 - 15) + 80 \cdot 565 + 1795 \cdot 20\,(0{,}241 + 0.0205 \cdot 0{,}475) = 58645 \text{ ,,}$$

Ist die spezifische Wärme σ der Flüssigkeit gleich 1, so muß in 1 Stunde in den Arbeitsraum das Gewicht F geführt werden:

$$F = \frac{C}{60 - 50} = 6506 \qquad 6176 \qquad 5865 \text{ kg.}$$

Die für die Wärmeübertragung erforderliche Flüssigkeitsoberfläche ist:

$$O = \frac{C}{k\,\vartheta_m}.$$

k, die Wärmeübergangszahl, werde = 20 angenommen.

Der Temperaturunterschied zwischen Luft und Flüssigkeit folgt aus Tabelle I (Fußnote S. 86), da:

$$\frac{t_{fa} - t_{Le}}{t_{fe} - t_{La}} = \frac{60 - 50}{50 - 0} = \frac{10}{50} \quad \text{oder} \quad \frac{10}{35} \quad \text{oder} \quad \frac{10}{20}$$

$$\vartheta_m = 25^0 \qquad 19.95^0 \qquad 14.28^0$$

folglich:

$$O = \frac{65059}{20 \cdot 25} \qquad \frac{61761}{20 \cdot 19{,}95} \qquad \frac{58645}{20 \cdot 14{,}28} \text{ qm}$$

$$= 130{,}12 \qquad 154{,}5 \qquad 205 \text{ qm.}$$

Soll die Flüssigkeit in Form von Kugeln oder Tropfen verteilt werden, so müssen diese den Durchmesser δ in Millimetern haben. Vorausgesetzt, daß die Flüssigkeit sich z = 2 Sekunden im Arbeitsraum aufhält, ist:

$$\delta = \frac{2 \cdot 20 \cdot \vartheta_m}{600 \cdot (t_{fa} - t_{fe})} = \frac{\vartheta_m}{150} = 0.14 \qquad 0.133 \qquad 0.0952 \text{ mm.}$$

Mit Hilfe der vorstehenden Betrachtungen ist die Tabelle XXV aufgestellt für die Verdunstung von 100 kg Wasser in einer Stunde durch vor und nach der Verwendung $^3/_4$ gesättigte Luft von 0^0, 15^0, 25^0 aus einer auf 80^0 bis 40^0 vorgewärmten Flüssigkeit, die sich im Arbeitsraum 1 Sekunde aufhält und sich darin um $2 \div 10^0$ abgekühlt. Die Luft soll sich dabei, wie angenommen wurde, im Arbeitsraum auf $50 \div 10^0$ der höchsten Flüssigkeitstemperatur nähern.

Aus den Betrachtungen und der Tabelle XXV ist zu erkennen:

1. Der für das Verdunsten von Wasser erforderliche Wärmeaufwand ist um so geringer, je höher die Temperatur der atmosphärischen Luft ist, je höher die Flüssigkeit vorgewärmt wird, und je wärmer die an ihr erwärmte Luft abgeht. Auch geringe Sättigung der atmosphärischen und hohe Sättigung der abgehenden Luft vermindern den Wärmeverbrauch.

2. Der Luftbedarf ist umso geringer, je kälter diese ursprünglich war, und je höher ihre Abgangstemperatur ist (weil kältere Luft weniger Wasser enthält).

3. Das umlaufende Flüssigkeitsgewicht kann umso kleiner sein, je höher es vorgewärmt, je mehr es im Arbeitsraum abgekühlt wird, und je wärmer die abgehende Luft ist. Endlich:

4. Die Flüssigkeit braucht umsoweniger fein geteilt zu sein, je wärmer sie den Raum betritt, ihn verläßt, und je länger sie sich darin aufhält, aber je kleiner die Tropfen sind, umso schneller und vollkommener ist die Trocknung durchzuführen.

Die Teilung der Flüssigkeiten in die kleinen Tropfen oder Formen gleicher Oberfläche bietet Schwierigkeiten dar, auch pflegt der trocknende Luftstrom die Flüssigkeitsteile an die Wände des Arbeitsraumes zu werfen, wenn nicht ganz besondere Vorkehrungen getroffen werden.

Ist die zu trocknende Masse nicht eine Flüssigkeit, sondern hat sie die Form von Körnern oder Kristallen, so verhält sie sich den Tropfen ähnlich. Die oben mitgeteilten Formeln können auch für solche Fälle Anwendung finden, nur muß der Wert von k der schwierigeren Wärmeabgabe wegen erheblich kleiner gewählt werden.

B. Wenn die Luft vorgewärmt ist.

Wenn beide, sowohl die Flüssigkeit in Tropfenform als auch die Luft, schon vorgewärmt in den Trockenraum gelangen, so muß die für die Verdunstung des Wassers C_w und die für die Ausstrahlung erforderliche Wärme C_a von den Tropfen und von der Luft hergegeben werden. Deshalb muß auch hier zunächst mit Hilfe der Gleichung 10

$$\frac{t_h - t_n}{d_n - d_a} = \frac{C_w + C_a - C_r(t_h - t_n)}{w \cdot (0{,}241 + d_a \cdot 0{,}475)} \quad . \; . \; . \; . \quad (64)$$

die Endtemperatur t_n und der Endwassergehalt d_n gesucht werden. Da auch der nach der Wasserverdunstung übrig bleibende Rückstand von seiner ursprünglichen Temperatur t_h bis auf die Endtemperatur abgekühlt wird, so ist die Wärme C_r von der Leistung der Luft abzuziehen.

Ist d_n bekannt, so wird das erforderliche Luftgewicht aus der bekannten Gleichung 8 bestimmt:

$$L = \frac{w}{d_n - d_a} \; .$$

Da in diesem Falle die Luft und das Trockengut wohl oft fast gleiche Temperaturen haben, so wird die von einem Quadratmeter der Trockengutoberfläche zu leistende Verdampfung dann nicht mehr von ihrem Temperaturunterschied ϑ_m beherrscht, sondern sie hängt von der augenblicklichen Spannung des Dampfes in der Luft e_L und der Spannung des Dampfes ab, die dieser bei der Temperatur der verdunstenden Flüssigkeit hat (e_W), wie dies in dem folgenden Abschnitt erörtert wird. Die Verdunstungstemperatur der Flüssigkeit ist natürlich niedriger als die, mit der sie eintritt. Es wird dort gezeigt, daß diese Umstände namentlich für höhere Temperaturen noch gar wenig erforscht sind und daß mit einer gewissen Anlehnung an von den Physikern angestellte Beobachtungen empirische Werte für die Verdunstungsleistung des Quadratmeters benutzt werden müssen.

Führt die Luft unter gewissen Umständen von 1 qm Oberfläche des Trockengutes d_v Kilo Dampf fort, so daß um stündlich w Kilo Wasser aufzutrocknen, der Luft O qm Oberfläche geboten werden müssen, so ist:

$$O \cdot d_v = w.$$

Ein Liter Flüssigkeit bildet eine um so größere Oberfläche o, je kleiner der Durchmesser δ der Tropfen ist, in die sie gespalten (zerstäubt) wird, nämlich bei:

$\delta =$	0,25	0,50	1	2	3	4	5 mm
o =	24,18	12,01	5,997	2,988	1,645	1,497	1,201 qm.

Um die erforderliche Oberfläche O zu erzeugen, müssen deshalb l Liter Flüssigkeit zerstäubt sein.

$$o \cdot l = O. \qquad o \cdot l \cdot d_v = w. \qquad l = \frac{w}{o \cdot d_v}.$$

Die Oberfläche O muß dauernd dem trocknenden Luftstrom dargeboten werden; weil aber jeder Tropfen der Flüssigkeit nur die Zeit z in Sekunden fällt (oder steigt und fällt, wenn er emporgeworfen wird), so muß in jeder Stunde das Flüssigkeitsvolumen $\frac{F}{s} = \frac{l \cdot 3600}{z} = \frac{w \cdot 3600}{d_v \cdot o \cdot z}$ in den Trockenraum gefördert werden.

Beispiel 38. Es sollen in 1 St. F = 100 kg Flüssigkeit ($\sigma = 1$) mit 10% Trockengehalt auf 50% gebracht werden, während sie selbst und die Luft auf 60° erwärmt werden. Die Luft sei beim Eintritt (15°) und Austritt $^3/_4$ gesättigt. Nach Gleichung (64) ist:

$$\frac{60 - d_n}{t_n - 0{,}00806} = \frac{(80 \cdot 610 + 0{,}1 \cdot 80 \cdot 610)}{80\,(0{,}241 + 0{,}00806 \cdot 0{,}475)} = 2750 \text{ WE.},$$

woraus folgt:

$$t_n = 29 \qquad d_n = 0.01134$$

und das erforderliche Luftgewicht:

$$L = \frac{80}{0{,}01134 - 0{,}00806} = 2400 \text{ kg.}$$

Weht die Luft mit 1 m/sek Geschwindigkeit über die Tropfen und ist sie 20 % ÷ 75 % im Mittel 50 % gesättigt, so nimmt sie nach Abschnitt 13 etwa 1 kg Wasser je Stunde/qm Oberfläche ab und daher wird die gesamte erforderliche Oberfläche O der Tropfen

$$O = \frac{80}{1} = 80 \text{ qm},$$

und wenn diese $\delta = 0{,}25 \quad 0{,}5 \quad 1$ mm Durchmesser haben,

müssen stets:

$$l = \frac{80}{o} \text{ Liter}$$

$$l = 3{,}304 \quad 6{,}668 \quad 13{,}336 \text{ Liter Flüssigkeit}$$

im Trockenraum weilen. Schwebt jeder Tropfen z = 2 Sekunden im Trockenraum, so ist das stündlich in diesem zu fördernde Flüssigkeitsvolumen:

$$\frac{F}{s} = 5947 \quad 12000 \quad 24005 \text{ Liter.}$$

Diese Beispiele zeigen, welch große Mengen fein verteilter Flüssigkeit bei diesem Trockenverfahren jederzeit im Trockenraum erhalten werden müssen, um die erforderliche Verdunstungsoberfläche zu bilden, und daß nur sehr kleine Tropfen dabei verwendet werden dürfen, denen aber die Gefahr, von der Luft mitgenommen zu werden, am meisten droht. Es ist schwer, diese Stäubchen, ohne sie zu schädigen, vom Luftstrom zu trennen.

13. Mechanische Entwässerung, Heizfläche und Wärmeverlust. Tabelle XXVI.

A. Mechanische Entwässerung.

Da es in den meisten Fällen viel wirtschaftlicher ist, das überflüssige Wasser aus einem zu trocknenden Körper auf mechanische Weise zu entfernen, als es zu verdunsten, so ist zu empfehlen, die Körper, bei denen es angeht, zunächst durch Abpressen, Abschleudern, Abnutschen so weit als möglich vom Wasser zu befreien und erst dann in den Trockenapparat zu führen.

Die Tabelle XXVI zeigt, wieviel Kilo Wasser aus 100 Kilo eines nassen Körpers mit p_a% Wasser entfernt werden müssen, um ihn auf einen Feuchtigkeitsgehalt von p_e% zu bringen.

B. Heizfläche für Lufterwärmung[1]).

Die Erwärmung der zur Aufnahme von Feuchtigkeit bestimmten Luft wird durch Führung über meistens metallene Heizflächen bewirkt, die ihrerseits durch direktes Feuer, Gas, Dampf oder warmes Wasser geheizt werden. Um ein gewisses Luftgewicht L mit seinem Wassergehalt d_a von der Temperatur t_a auf die höhere t_h zu erwärmen, muß ihm die Wärmemenge C zugeführt werden:

$$C = L(0{,}241 + d_a \cdot 0{,}475 \cdot)(t_h - t_a) \quad . \; . \; . \; . \quad (65)$$

Der stündliche Wärmeübergang vom Heizmittel (Gas, Dampf, Wasser) an die Luft folgt der Gleichung:

$$C = H \cdot \vartheta_m \cdot k,$$

in der H die Heizfläche in qm, ϑ_m den mittleren Temperaturunterschied (das Temperaturgefälle) zwischen Heizstoff und Luft und k einen unter den verschiedenen Umständen jedesmal anderen Festwert bedeutet.

Da sowohl das Heizmittel als auch die Luft während des Wärmeaustausches ihre Temperatur ändern, das erstere abnehmend, die zweite zunehmend, so bilden sich vom Anfang bis zum Ende der Heizfläche an jeder Stelle andere Temperaturunterschiede aus, deren Mittel ϑ_m keineswegs das arithmetische Mittel ist, sondern ein Wert, der sich aus der Gleichung:

$$\vartheta_m = \frac{\vartheta_a - \vartheta_e}{\log \cdot \text{nat} \frac{\vartheta_a}{\vartheta_e}} \quad . \; . \; . \; . \; . \; . \quad (66)$$

bestimmt und in der ϑ_a den immer größeren Unterschied an einem, ϑ_e den immer kleineren Unterschied am anderen Ende

---

[1]) Siehe auch: E. Hausbrand, Verdampfen, Kondensieren und Kühlen. Abschn. VIII. 1920. — Ferner H. Rietschel, Leitfaden für die Projektierung und Berechnung von Heizungs- und Lüftungsanlagen.

der Heizfläche bedeutet, gleichgültig ob während des Wärmeaustausches Gleichstrom oder Gegenstrom (der in den meisten Fällen vorzuziehen ist) herrscht.

Am angeführten Orte befindet sich die Herleitung und eine ausführliche Tabelle der Werte von ϑ_m, aus der die folgende Zusammenstellung ein Auszug ist:

Ist

$\frac{\vartheta_e}{\vartheta_a}$ =	0,0025	0,005	0,01	0,02	0,03	0,04	0,05	0,06	0,07	0,08	0,09,
so ist:											
ϑ_m =	0,166	0,188	0,215	0,251	0,277	0,298	0,317	0,335	0,352	0,368	0,378.

$\frac{\vartheta_e}{\vartheta_a}$ =	0,10	0,11	0,12	0,13	0,14	0,15	0,16	0,17	0,18	0,19
ϑ_m =	0,391	0,405	0,418	0,430	0,440	0,451	0,461	0,466	0,478	0,489
$\frac{\vartheta_e}{\vartheta_a}$ =	0,20	0,21	0,22	0,23	0,24	0,25	0,30	0,35	0,40	0,45
ϑ_m =	0,500	0,509	0,518	0,526	0,535	0,544	0,583	0,624	0,658	0,693

$\frac{\vartheta_e}{\vartheta_a}$ =	0,50	0,55	0,60	0,65	0,70	0,75	0,80	0,85	0,90	0,95	1,0
ϑ_m =	0,724	0,756	0,786	0,815	0,843	0,872	0,897	0,921	0,953	0,982	1,0.

Beispiel 39. a) Das eine Heizfläche erwärmende Gas habe die Temperatur 300 ÷ 40°, die auf der anderen Seite der Fläche im Gegenstrom fließende Luft = 100 ÷ 20° C. Dann sind die Unterschiede:

$$\vartheta_a = 300 - 100 = 200^0 \qquad \vartheta_e = 40 - 20 = 20^0,$$

folglich:

$$\frac{\vartheta_e}{\vartheta_a} = \frac{20}{200} = 0,1,$$

daher ist der mittlere Temperaturunterschied:

$$\vartheta_m = 0,391 \cdot 200 = 78,2^0 \quad \left(\text{nicht } \frac{200+20}{2} = 110^0\right).$$

b) Auf einer Seite strömt Dampf mit der gleichbleibenden Temperatur 100°, auf der anderen Luft, die sich von 20 auf 80° erwärmt, dann ist

$$\vartheta_a = 80, \qquad \vartheta_e = 20, \qquad \frac{\vartheta_e}{\vartheta_a} = \frac{20}{80} = 0,25,$$

folglich:

$$\vartheta_m = 0,544 \cdot 80 = 43,50^0 \quad \left(\text{nicht } \frac{80+20}{2} = 50^0\right).$$

Ist nicht die Temperatur des Heizmittels, wohl aber die der heizenden Wandseite bekannt, an der die Luft vorbeistreicht, so ist der mittlere Temperaturunterschied ebenso wie vorher zu bestimmen, aber statt des ganzen Übergangsfestwerts k ist dann der kleinere α (nur von der Wand an die Luft) zu setzen:

$$C = H \cdot \vartheta_m \cdot \alpha \quad \ldots \ldots \ldots (67)$$

Die Wärmeübergangszahlen k und α (für 1 qm, 1 St., 1° C) hängen ab von der Bewegungsart und Geschwindigkeit der Luft und des Heizmittels, von der Glätte oder Rauheit der Heizwand, von ihrer Reinheit oder Bekrustung, vom Durchmesser der Heizrohre, in geringem Maße von ihrer Art, Dicke, Wärmeleitfähigkeit, von der senkrechten Höhe des Heizkörpers, vom Druck und der Feuchtigkeit der Luft und der absoluten Temperaturhöhe, in der sich der Wärmeaustausch abspielt, von vielen Umständen also, die nicht immer alle vorher bekannt sind, die sich öfter sogar während der Heizung ändern. Deshalb können k oder α nicht immer vorher mit Genauigkeit angegeben werden, indessen können die in der nachfolgenden Zusammenstellung Tabelle XXVII mitgeteilten Zahlen mit einigem Vertrauen benutzt werden.

Beispiel 40. a) F = 5000 kg Feuergase von 300° und $\sigma = 0{,}25$ spezifischer Wärme dürfen stündlich auf 200° abgekühlt werden durch Luft, die von 20 auf 80° erwärmt werden soll. — Das Feuergas verliert dabei $5000 \cdot 0{,}25 \cdot 100 = 125000$ WE. L kg Luft nehmen diese Wärme auf, daher ist:

$$L\,(0{,}241 \cdot 60 + 0{,}011 \cdot 0{,}475) = 125000,$$
$$L = 8713 \text{ kg}.$$

Der Temperaturunterschied ist $\vartheta_m = 0{,}9 \cdot 220 = 198^0$ C.

Gas und Luft sollen mit v = 4 m Geschwindigkeit an der Heizfläche vorbeistreichen, wobei k = 6,5 ist, und so folgt die erforderliche Heizfläche

$$H = \frac{C}{\vartheta_m k} = \frac{125000}{198 \cdot 6{,}5} = 97 \text{ qm}.$$

b) L = 6000 kg. Luft von 20° werden mit v = 8 m Geschwindigkeit über parallele mit Dampf von 120° geheizte Rohre geblasen, um auf 80° erwärmt zu werden. Dann ist:

$$\vartheta_a = 120 - 20 = 100^0, \qquad \vartheta_e = 120 - 80^0 = 40^0, \qquad \frac{\vartheta_e}{\vartheta_a} = \frac{40}{100} = 0{,}4,$$

folglich ist:

$$\vartheta_m = 0{,}658 \cdot 100 = 65{,}8^0 \text{ C}.$$

Die Wärmeübergangszahl ist k = 54 und deshalb die Heizfläche:

$$H = \frac{C}{\vartheta_m k} = \frac{86760}{65{,}8 \cdot 54} = 24{,}1 \text{ qm}.$$

C. Wärmeverluste.

Die Abkühlung durch die Wände und Mauern des Trockenapparats bedeutet einen Verlust, der so viel als möglich verkleinert werden muß. Wie groß dieser Verlust jedesmal ist, kann aus der Tabelle XXVIII, die angibt, wieviel WE. in einer Stunde durch 1 qm Mauerwerk oder Holzwand verschiedener Dicke verloren gehen, im einzelnen berechnet werden.

Es mag hier daran erinnert sein, daß in einigen Fällen bei sehr kalt gehenden Apparaten und bei sehr geringem inneren Druck der Innenraum kälter als die Umgebung sein kann. In diesen Fällen nimmt der Apparat zu seinem Vorteil Wärme aus der Umgebung auf, und es ist angezeigt, die Wände der Trockenräume dann so einzurichten, daß sie von außen gut Wärme hineinlassen.

Während man also die warm gehenden Trockenapparate aus Mauerwerk womöglich mit Luftschicht ausführen sollte, ist es vorteilhaft, die kalt gehenden Einrichtungen aus dünnen Holz- oder Metallwänden herzustellen.

Gegen den Eintritt der Luft von außen müssen die Trockenräume in allen Fällen geschützt werden. Die Wände müssen immer dicht sein, denn sonst wird bei warmem Gang Kälte, bei kaltem Gang Feuchtigkeit durch die verderblicherweise eintretende Luft in den Trockenraum geführt.

Beispiel 41. Ein Trockenkanal von 2 m Höhe, 1,25 m Breite, ist auf die Strecke von 3 m innen 80°, auf die Länge von 20 m $\frac{80+20}{2} = 50°$ warm. Eine Längswand (510 dick) grenzt ans Freie von 0°, die andere (250 dick) und die Decke, gewölbt an 15°, der Betonboden an 0°, die Holztüren an 16°.

Mauer	(510) · 2 · 3 · 104 = 624 WE.		Mauer	(250) · 2 · 20 · 59,5 = 2380 WE.	
Decke	1,25 · 3 · 45,5 = 170 „		Decke	1,25 · 20 · 24,5 = 613 „	
Boden	1,25 · 3 · 144 = 540 „		Boden	1,25 · 20 · 90 = 2250 „	
Tür	1,25 · 2 · 132 = 330 „		Tür	1,25 · 2 · 77 = 193 „	
	1665 WE.			5436 WE.	

Der stündliche Wärmeverlust des Kanals ist $C_a = 1665 + 5436 = 7100$ WE.

Wenn die Luft durch natürlichen Auftrieb an Heizkörpern aufsteigt, die geheizt sind durch Feuergas, das mit geringer Geschwindigkeit strömt, so ist $k = 1,2 \div 1,8$ WE./st/qm/°C.

Dampf oder heißes Wasser in Röhren von:

25 ä. Dr. geben an Luft ab k = 5,4 ÷ 8,2 WE./st.,
50 „ „ „ „ „ „ 4,6 ÷ 6,8 „
80 „ „ „ „ „ „ 4 ÷ 6 „
Radiatoren „ „ „ „ 6,7 ÷ 8,5 „
1 Rippenrohr gibt an Luft ab 5,0 WE.,
2 ÷ 3 Rippenrohre übereinander geben an Luft ab 3 ÷ 4 WE.

14. Art und Gestalt des Trockenguts. Verdunstung.

Die Vorgänge beim Trocknen mit Luft sind äußerst verwickelt. Sicher ist, daß die Luft einen Teil ihrer Wärme an die zu trocknenden Körper abgeben muß und daß sie dies nur durch deren Oberfläche tun kann. Hat die Luft ihre Wärme an eine oberste ganz dünne Schicht der Körper übertragen, was sie viel langsamer bewirkt als etwa Wasser oder gar Dampf, so kann diese Wärme nach Maßgabe des Wärmeleitvermögens des Trockenguts in das Innere der Körper dringen und dabei auch die für die Verdampfung der Feuchtigkeit erforderliche Wärme hineinführen. Dann muß sich der so im Innern erzeugte Dampf durch den Körper an dessen Oberfläche bewegen und sich von dort durch Diffusion mit der Luft mischen, die ihn mit sich fortnimmt.

Die größere oder geringere Porosität, sowie die verschiedene Kapillarität des Trockenguts verursachen eine mehr oder weniger ausgesprochene Neigung der Feuchtigkeit, sich aus dem Innern nach der der Austrocknung schneller unterliegenden Rinde zu ziehen.

Der Wärmeübergang von der Luft an die Oberfläche der Körper hängt von der Art der Oberfläche und den Eigenschaften der Körper, auch der Luftbewegung ab und ist rechnerisch verfolgbar, aber die Berechnung der für den Fortschritt der Wärme ins Innere der Körper und für die Verdampfung der in ihnen enthaltenen Feuchtigkeit erforderlichen Zeit ist ein auch für die einfachsten Fälle schwer lösliches Problem. Durch die uns im einzelnen unbekannten, im Innern der Trockenkörper auftretenden Strömungen von Feuchtigkeit, Luft, Dampf und Wärme sowie die mangelnde Kenntnis der für ihre Berechnung unentbehrlichen Festwerte wird es vorläufig rechnerisch unlösbar[1]).

Ist die verdunstete Feuchtigkeit an die Oberfläche der Körper getreten, so ist wieder der Vorgang ihrer Diffusion

---

1) Die Frage nach dem Dampfgewicht, das von einem Luftstrom aus einer Wasseroberfläche entführt wird, die bei jeder Trockenanlage mit Luft gestellt werden muß, ist seit **Daltons** am Anfang des vorigen Jahrhunderts angestellten Versuchen, von vielen Forschern immer wieder zu beantworten versucht worden, aber der ungemein großen Anzahl von beeinflussenden Umstände wegen noch nicht völlig gelöst. Deshalb kann die nachfolgende Darstellung des Erreichten nur als Anregung betrachtet werden, wobei auch zu beachten, daß Wasser aus Lösungen*) langsamer als reines Wasser verdunstet, und daß die Umstände beim Trocknen doch auch in vielem von den einfachen Versuchsverhältnissen abweichen.

Dalton**) stellte seine Verdunstungsversuche bei Temperaturen von 100÷60° mit Zinnschälchen von 89 mm Dr., 63,5 mm Höhe und bei niedrigeren Temperaturen mit solchen Schälchen von 152,4 mm Dr., 12,7 mm Höhe und 203,2 mm Dr., 19,25 mm Höhe, der Luftbewegung wegen am offenen Zimmerfenster an. Seine in Gran, Zoll und °F. gemachten Angaben würden folgende Verdunstung qm/st ergeben, je nach der Luftbewegung:

Temperatur des Wassers:									
100	82	73,5	67	62,2	59	20	12	4	0 °C
Dampfspannung:									
763	381	254	190,5	152,4	127	17,39	10,57	6,45	4,6 mm Q
Entwickeltes Dampfgewicht st/qm:									
18,75	11,25	6,25	5	3,75	3,125	0,777	0,432	0,232	0,170
÷34,6	÷12,95	÷10,0	÷7,5	÷6,87	÷5,62	÷1,22	÷0,679	÷0,364	÷0,268 Kilo

Dalton spricht hier für atmosphärischen Druck die nachstehende Beziehung (ohne sie in die Gestalt einer Formel zu kleiden) aus:

$$w = C_i \frac{e_w - e_L}{b}, \quad \ldots \ldots \ldots \ldots \quad (a)$$

in der bedeuten w = das verdunstete Wasser in kg/st/qm, C_i = einen Festwert, b = den Barometerstand, e_w = den Dampfdruck bei der Temperatur des Wassers, e_L = den Druck des Dampfes in der Luft, alles in mm/Q. Wenn $b = 760$ angenommen wird, lautet die Gleichung:

$$w = C \cdot (e_w - e_L).$$

Stefans***) Verdunstungsversuche mit Äther und Schwefelkohlenstoff in Röhrchen von 0,64÷6,16 mm Dr., in denen die Flüssigkeit im

---

*) **Marzeles**, Wiener Berichte 1898. 107.

) J. **Dalton, Gilberts Ann. 1803, S. 121 (memoirs of the lit. a. philos. Society of Manchester. Vol. 5. P. 2. S. 572).

***) J. **Stefan**, Wiener Berichte. 68. II, 385. 1873.

in die Luft kaum in jedem besonderen Fall im einzelnen zu verfolgen.

Aus all diesem erhellt, daß es zurzeit noch nicht angeht, durch bloße Rechnung die erforderliche Körpergröße, Ober-

---

Mittel h cm unterhalb des oberen Randes stand, führten ihn zu der Gleichung:

$$v = \frac{k}{h} \log \cdot \text{nat} \cdot \frac{b - e_L}{b - e_w} \text{ (g/cal/cm/sek)}, \quad . \quad . \quad . \quad . \quad \text{(b)}$$

in der bedeuten: v = das Volumen des Dampfs (bei 0° und 760 mm/Q), k = die Diffusionszahl, b, e_L und e_w = das oben Genannte. (Die Diffusionszahl ist nach Landoll-Börnstein für Wasser in Luft bei

	0°	8°	15°	18°
k =	0,208	0,239	0,246	0,248

(und wie ich annehme bei höheren Temperaturen höher).

Wird in diese Gleichung b = 76,0, e_w = der Wasserdampf-, e_L = der Luftdampfspannung bei ¾—½—¼ Sättigung, h = 1 cm, k = wie oben genannt eingesetzt, so findet sich eine Verdunstung für qm/st in kg bei ganz ruhender Luft, wenn Wasser und Luft dieselbe Temperatur haben:

	bei 30°	20°	10°	0° C
Luft ¾ ges.	0,01317	0,00277	0,000498	0,0001783 kg Wasser
„ ½ „	0,02880	0,00630	0.001101	0,0003582 „ „
„ ¼ „	0,03760	0,01062	0,001780	0,000712 „ „

Stefan*) fand ferner durch Rechnung, daß die Verdunstung aus Röhren, in denen die Flüssigkeit bis an ihre Oberkante steht (h = 0), am Rande größer als in der Mitte ist, weil sich der aufsteigende Wasserdampf dann nicht seitlich verbreitet. Dies wird sowohl von Winkelmann**) als auch von Pallich***) bestätigt, ebenso wie wohl auch von den Meteorologen bei Beobachtungen an Gewässern. Pallichs Versuche bei b = 724 ÷ 731 an einem Rohr von 101 mm Dr. ergaben folgende Verdunstung:

bei 20,5 ÷ 21°	11 ÷ 11.3°	10,2°
0,0433 ÷ 0,0441	0,0181 ÷ 0,02795	0,0246 kg/st/qm.

Sorgfältige Versuche von Schierbeck†) (über die Trabert††) berichtet) mit Äther und Wasser aus Schalen von 75 mm Dr., 22 mm Höhe

---

*) J. Stefan, Wiener Berichte. 83. II. 943. 1881.

**) Winkelmann, Wied. Ann. 35. 401. 1888 u. f. Siehe auch Sresnewsky, Beiblätter. 7. S. 888. 1833 und E. Laval, Journ. de Phys. (2) 1. 560. 1882.

***) J. von Pallich, Wien. Ber. 106. 384. 1897.

†) N. P. Schierbeck, Oversigt over det Kongelinge Danske Videnskabernes Selskabs Forhandlinger 1896. No. 1. Siehe auch M. Ule, Meteorol. Z. 1891. S. 91. W. Krebs, Meteorol. Z. 1895. S. 38.

††) W. Trabert, Meteorol. Z. 13. 261. 1896.

fläche, Aufenthaltszeit und Luftgeschwindigkeit vorher festzusetzen. Dies ist aber auch deshalb häufig zwecklos, weil oft die Natur des Stoffes, sein gegebener Zustand vor dem Trocknen und sein beabsichtigter Zustand nach dieser Be-

---

ergaben vortreffliche Übereinstimmung mit **Stefans** Formel, wenn als Verdampfungstemperatur t_w die des feuchten Psychrometer-Thermometers e_p gewählt wird, ferner ergaben sie, daß k mit der absoluten Temperatur wächst, also: $k = k_1 (1 + \alpha t)$, und endlich, daß die Verdunstung mit der Wurzel aus der Luftgeschwindigkeit v zunimmt, daher **Schierbeck** die folgende Formel findet, in der $k = 6{,}80$ gelte:

$$V_d = \frac{k}{h} (1 + \alpha t) \sqrt{v} \log \cdot \text{nat} \frac{b - e_e}{b - e_p} \text{ (g/cal/cm/sek)} \quad . \quad . \quad \text{(c)}$$

Fast ebensogut wie diese sei für bewegte Luft, bei der h = 1 gesetzt werden könne, die folgende Gleichung mit $k = 3{,}02$:

$$V_d = k \frac{e_p - e_L}{b} \sqrt{v} (1 + \alpha t) \quad . \quad . \quad . \quad . \quad . \quad . \quad . \quad . \quad \text{(d)}$$

Aus **Schierbecks** Versuchen kann noch folgendes mitgeteilt werden:

Lufttemperatur:										
17,4	21,06	20,06	20,8	20,08	20,08	16,4	20,3	21,06	27,08	°C
Temperatur des feuchten Thermometers:										
12	15,66	15,66	13,8	13,8	13,8	11,3	13,8	15,66	11,87	°C
Luftgeschwindigkeit v:										
0,88	1,0	1,1	1,15	1,35	2,14	2,30	3,0	3,15	4,33	m/sek
Dampfentwicklung:										
1,761	1,88	1,95	2,40	2,55	3,26	2,68	3,84	3,74	3,67	kg/st.

Trabert bemerkt in seinem Bericht, daß, da aus der Oberfläche der Flüssigkeit so lange Moleküle in die darüberstreichende Luft fliehen müssen, als diese nicht damit gesättigt sei, die Verdunstung proportional dem Unterschiede zwischen der höchstmöglichen und der im Augenblick herrschenden Dampfspannung in der Luft (bei ihrer jeweiligen Temperatur) sein müßte, das sei $e_w - e_L$, und daher entsteht die Formel:

$$w = k (1 + \alpha t) \sqrt{v} (e_w - e_L) \text{ (g/cal/cbm/sek)} \quad . \quad . \quad . \quad . \quad \text{(e)}$$

Hieraus errechne ich für $^3/_4$ gesättigte Luft, bei v = 1 m Geschwindigkeit und k = 0,001 für 1 qm, 1 st und

Lufttemperatur:											
= 100	90	80	70	60	50	40	30	20	10	0	°C
$^3/_4$ Sättigung:											
6,95	5,89	4,62	2,59	1,59	0,97	0,57	0,30	0,16	0,048	0,0417	Kilo Wasser.

handlung von Wünschen abhängig gemacht wird, die sich jeder Rechnung entziehen.

So ist es also im wesentlichen gerade die mit jedem der so unendlich verschiedenen Stoffe gemachte Erfahrung,

---

Die Untersuchungen von Le Blanc und Wuppermann*) führen diese Herren zu der Gleichung:

$$k = \frac{k^1 \cdot e_w \cdot 0{,}001}{3600 \cdot b \cdot \gamma \cdot 2{,}302 \cdot (\log \cdot b - \log (b - e_w))}, \quad . \quad . \quad . \quad (f)$$

in der k = die Diffusionszahl, k^1 = das von ihnen gefundene verdunstete Gewicht in 1 st, 1 qcm, γ = das Gewicht eines cbm in Dampf bei der Temperatur t_w und log = Briggische Logarithmen bedeuten. Dabei ist k^1 eine Unveränderliche $= k^1 = k \cdot h$.

Auch diese Versuche wurden mit unten geschlossenen Rohren von 8÷9,2 mm Dr., etwa 20 cm Länge und vorbeistreichender Luft angestellt, wobei h die Entfernung vom oberen Rohrende bis zur mittleren Flüssigkeitsoberfläche bedeutet. Aus der Angabe von $k^1 = 0{,}0613$ bei 42° C, b = 744, $\gamma = 0{,}0567$, $e_w = 6{,}15$ finde ich k = 0,294 als die Diffusionszahl des Wassers bei 42° C und daraus dann die Verdunstung von 1 qm in 1 st bei den

Tmp.:	100	90	80	60	40	20	10	0 °C
w =	72,8·k	26,1·k	14,52·k	5,25·k	1,91·k	0,638·k	0,379·k	0,20·k kg W.

Da die Diffusionszahl k des Wassers nicht für viele Temperaturen bekannt zu sein scheint, kann der wirkliche Wert von w hieraus nicht für alle errechnet werden; wäre sie etwa ¼÷⅕, so könnte dies Resultat einigermaßen mit dem zuletztgenannten übereinstimmen.

[Die Forscher geben noch an bei 42° für Alkohol $k^1 = 0{,}206$, für Benzol $k^1 = 0{,}371$; bei 67° für Alkohol $k^1 = 0{,}940$, für Benzol $k^1 = 1{,}35$.]

Im Lehrbuch der Meteorologie von J. Hann (3. Aufl.) werden noch Beobachtungen vieler anderer Forscher mitgeteilt, z. B. von F. H. Biegelow (Las leges de la evaporacion del aqua de fuentes depósitos y lagunas: Bol. d. l. oficina méteor. Argentina. Marso 1911) über Verdunstung amerikanischer Seen, aus denen die Gleichung entstand:

$$w = C\,(e_w - e_L)\,(1 + A \cdot v),$$

worin v = Geschwindigkeit in Kilometerstunde, C = 0,138÷0,276 je nach der Lufttrockenheit, A = 0,070 für Flächen von 0,4÷3,0 qm. Ferner Dr. R. Lützens**) Forschungen über Verdampfung der großen Meere. Nach ihm verdunstet täglich aus diesen:

bis 40° N. Br.	40°÷Passat	Passat	Calm	Süd-Passat	bis 40° S. Br.
2,6	5,5	6,6	3,8	7,8	6 mm W.

---

*) M. Le Blanc und G. Wuppermann, Z. f. phys. Chem. 1916. Bd. 91. S. 193.

**) Meteorol. Zeitschr. 1911. S. 576.

welche bei der Bestimmung von Temperatur, Zeitdauer und Anhäufung die Entscheidung zu fällen hat. Einige Beachtung indessen verdient doch das in der Anmerkung Behandelte. Wenn die Luft Wärme an das Trockengut abgeben soll, so

---

Wenn die Ergebnisse all dieser Forschungen für die doch im allgemeinen anders gearteten Umstände in Trockenapparaten nicht unmittelbar verwendbar sind, so scheint doch das, worüber alle Forscher grundsätzlich einig sind, auch für diese wertvoll, nämlich daß die Wasserverdunstung proportional sei dem Spannungsunterschied zwischen Höchstdruck des Dampfes über dem Wasser und dem augenblicklichen Dampfdruck in der Luft, ferner der Wurzel aus der Luftgeschwindigkeit, etwas zunehmend mit der Temperaturhöhe und umgekehrt proportional dem Barometerstande.

Aber die den Körpern zu entziehende Feuchtigkeit sitzt keineswegs nur an ihrer Oberfläche, so daß sie die Luft mühelos abnehmen kann, sie befindet sich vielmehr zumeist im Innern der Körper. Um sie aus dem Innern des Körpers zu entnehmen, muß ihr die für ihre Verdunstung erforderliche Wärme auch bis dahin zugeführt werden, was wohl von der warmen Luft selbst zu geschehen hat. In manchen Fällen kann die warme Luft durch Poren und Spalten bis in den Kern der Körper dringen, meistens muß aber die Verdampfungswärme vermittels Leitung durch die Körpermasse dahin gelangen.

Von höchstem Interesse wäre es nun, die Zeit berechnen zu können, die erforderlich ist, die für die Verdunstung der Feuchtigkeit nötige Wärme durch Körper der verschiedenen Stoffe und Abmessungen bis in das Innere zu führen, allein hierzu fehlen noch fast alle Unterlagen.

Die Wärmeleitung schlechtleitender Köper ist von Hecht*) nach der Methode von F. E. Neumann durch Beobachtung der Innentemperatur an Kugeln und Würfeln erforscht worden, von Krauss**) ist durch Rechnung der Gang der Wärme durch dicke Eisenbleche bestimmt und von Williamson und Adams***) wurden Versuche und Rechnungen über die Wärmeverteilung, unter Berücksichtigung der Zeiten, in denen sie erfolgte, vornehmlich bei Glaskörpern, veröffentlicht. Aber alle diese wertvollen Untersuchungen beantworten noch nicht die Frage nach der Zeit, die verfließen muß, ehe die bei Trocknungen zu behandelnden Körper bis ins Innerste erwärmt werden, und noch weniger die andere nach der Zeit die vergeht, bis so viel Wärme in die Körper geführt ist, daß ihre Feuchtigkeit durch sie verdunstet wird. Und dies alles ist zu ergründen unter der Voraussetzung, daß beständig fast ruhende oder bewegte Luft über das Trockengut hinwegstreicht.

Bis zur Erforschung all dieser Umstände kann nur die Erfahrung in jedem Fall die Führerin sein.

---

*) H. Hecht, Annalen d. Physik. 1904. 14. S. 1008.

**) Fritz Krauss, Die Grundgesetze der Wärmeleitung.

***) E. D. Williamson and L. H. Adams, Physical Review. 1919. 14. Jahrg. S. 15.

soll sie wärmer als dies sein, was ja auch gewöhnlich der Fall ist, aber selbst wenn ungesättigte Luft und feuchte Körper von gleicher Temperatur zusammengebracht werden, bildet sich ein Temperaturgefälle, weil die auch dann eintretende Verdunstung die dazu erforderliche Wärme aus beiden verschieden entnimmt. Der recht feuchte Körper kann keine höhere Temperatur annehmen als die der umgebenden Luft nach ihrer völligen Sättigung. Dies bedeutet, daß nasse Körper unter atmosphärischem Druck selbst durch Luft von weit über 100°, wie es bei Trocknungen mit Feuergasen im Gleichstrom vorkommt, nicht höher als bis 100° erwärmt werden, wobei allerdings einzelne aus der Körperoberfläche hervorragende Körnchen oder Splitter, sobald sie ganz ausgetrocknet sind, dennoch Schaden leiden können. Halb gesättigte Luft von 80° z. B. kühlt sich bei ihrer völligen Sättigung auf 63° ab, kann also auch den nassen Körper, dem sie das Wasser entzieht, nicht höher erwärmen. Nur wenig feuchtes, empfindliches Gut darf sehr hohen Temperaturen aber nicht ausgesetzt werden.

Ein schneller, reichlicher vorgewärmter Luftstrom erzeugt bisweilen an der Oberfläche mancher Güter eine ausgetrocknete Kruste bei innen zurückbleibender Feuchtigkeit, was zur Gefährdung ihrer Form oder ihres Wertes beitragen oder die fernere Austrocknung fast verhindern kann. Es ist daher meistens von Vorteil, die Trocknung so zu leiten, daß das Gut seine Feuchtigkeit ziemlich gleichmäßig bis ins Innerste verliert, was nur die Erfahrung in jedem Fall lehren kann.

Die verdunstete Feuchtigkeit geht durch Diffusion in die Luft über, und zwar bildet sich zunächst dicht an der Körperoberfläche in der ruhenden Luft eine ganz dünne Schicht, die mit Feuchtigkeit fast gesättigt ist, während mit zunehmendem Abstand auch die Sättigung sehr schnell stark abnimmt.

Die Geschwindigkeit der Verdunstung und ihre absolute Größe ist etwa dem Unterschied zwischen der Dampfspannung an der Oberfläche der Feuchtigkeit und der Dampfspannung der umgebenden Luft, sowie der Wurzel aus der Luftgeschwindigkeit proportional. Je weniger die Luft mit Feuchtigkeit gesättigt ist und je häufiger sie erneuert wird, um so schneller trocknet sie die Körper aus, denn beides befördert den Wärmeübergang von der Luft an jene und den Dampfspannungsunterschied. Da aber nur eine ganz dünne Dampfluftschicht dicht am Trockenkörper einigermaßen gesättigt ist, während etwas weiter davon entfernt schon wenig Dunst in der Luft schwebt, ist es am zweckmäßigsten, die Luft nur in dünner Schicht die Körper umspülen zu lassen. Da sie sich auf ihrem Lauf über das Gut mehr und mehr anreichern soll, ist es gut, sie oft zu teilen, dadurch zu mischen und immer ihre am wenigsten gesättigten Teile an das Gut zu führen, damit sie den Trockenraum möglichst gesättigt verläßt. Größere freie Luftwege sind unzweckmäßig.

Dabei ist aber zu erwägen, daß sehr dünne Luftschichten sich am Anfang gleich schnell sättigen können, sich beim Fortschreiten auch abkühlen, so daß sie bei nicht hinreichender Dicke schon vor dem Ende ihres Weges gesättigt sein werden und dann kein Wasser mehr aufnehmen können. Die Luft sollte die einzelnen Stücke oder Teile des Trockengutes möglichst von allen Seiten umspülen, wobei sich allerdings nicht immer wird vermeiden lassen, daß einzelne Teile in der von ihr abgewandten (Leeseite) liegen.

Da die Diffusion der Dünste in die Luft nur langsam vor sich geht, so sollte der Sparsamkeit wegen, um ihr Zeit zur Sättigung zu gewähren, künstlich erwärmte Luft nicht zu schnell den Raum durcheilen, dagegen die höchste zulässige Temperatur haben. Aber weil starke Bewegung der Luft ihre Erneuerung und Mischung und auch den Wärmeübergang begünstigt, kann, wenn das Gut recht schnelles Trocknen verträgt, ein Kreislauf der Luft in der Quer- oder Längsrichtung des Trockenkanals eingerichtet werden, bei dem, wie in den Abschnitten 8 und 10 ausgeführt, die Luft öfter erwärmt, ein Teil von ihr ins Freie entlassen und dafür eine gleiche Menge frisch eingesaugt wird.

Schmale und enge, wenn auch zahlreiche Luftwege, sowie vielfältige Änderungen ihrer Bewegungsrichtung, die alle die Trockenwirkung begünstigen, erfordern im Verein mit der Reibung einen nicht unerheblichen Kraftaufwand der Luftbewegungsvorrichtungen, allein die Abwärme der dafür verwendeten Dämpfkräfte kann wohl bei der Lufterwärmung Verwendung finden.

Weil die Diffusion des Wasserdampfs in der Luft nur langsam erfolgt, da ihre Trockenwirkung auch nur der Wurzel aus ihrer Geschwindigkeit proportional ist, während die Kosten für ihre Bewegung und Erwärmung direkt mit ihrer Masse wachsen, sollte sie nur mit mäßiger Eile über das Trockengut geführt werden. Manche Körper, über die viel warme Luft schnell geführt wird, verlieren zunächst ihre Feuchtigkeit auf einer mehr oder weniger dicken Schicht ihrer Oberfläche, so daß sich trockne Krusten, Schrumpfungen, Falten, Sprünge bilden, die sowohl das Gut schädigen als auch die weitere Austrocknung erschweren können, was namentlich bei Anwendung des Gleichstroms und sehr hohen Temperaturen zu beachten ist. Bei manchen Körpern steigt die Feuchtigkeit, je nachdem sie aus der Oberfläche abgesaugt wird, durch Kapillarität aus dem Inneren empor, bei anderen durch Diffusion, was alles Zeit erfordert.

Da die für das Trocknen erforderliche Zeit abnimmt mit der Vergrößerung der Oberfläche im Verhältnis zum Inhalt des Trockengutes, so wäre es vorteilhaft, in gegebenen Fällen das Gut möglichst zu zerkleinern, allein die ruhende Anhäufung solch kleiner Stücke oder Körner verdeckt oder versperrt doch oft dem Luftstrom den Zugang zur Oberfläche, weil die Luft zwischen den Körnern nicht hinreichenden Querschnitt für ihren Durchgang findet. Daher ist man häufig gezwungen, die Luft in gedrehten Trommeln über wiederholt herabfallende Körner zu blasen, oder diese durch eine andere Bewegung für den Luftdurchgang etwas voneinander zu entfernen[1]). Noch weniger als kornförmige Körper sind solche

[1]) Um eine ungefähre Vorstellung von den Zuständen in einem Haufen von Körnern zu schaffen, kann es vielleicht dienlich sein, zu betrachten, wie sie sich in einem Haufen von gleich großen Kugeln bilden. Liegen die Kugeln vom Durchmesser δ, in einer Ebene in Reihen so dicht wie möglich aneinander, so ist die Reihenentfernung $= 0{,}866 \cdot \delta$ und liegen mehrere Schichten übereinander (je eine Kugel über drei darunter dicht gelagerten), so ist die Schichtenentfernung $= 0{,}8165 \cdot \delta$. Es nehmen $n \times n$ Kugeln in der wagerechten Ebene den Raum von $0{,}866 \cdot n^2 \cdot \delta^2$ ein und $n \times n \times n$ Kugeln aufeinander geschichtet brauchen $0{,}866 \cdot 0{,}8165 \cdot n^3 \cdot \delta^3 = 0{,}707 \cdot n^3 \cdot \delta^3$ Raum.

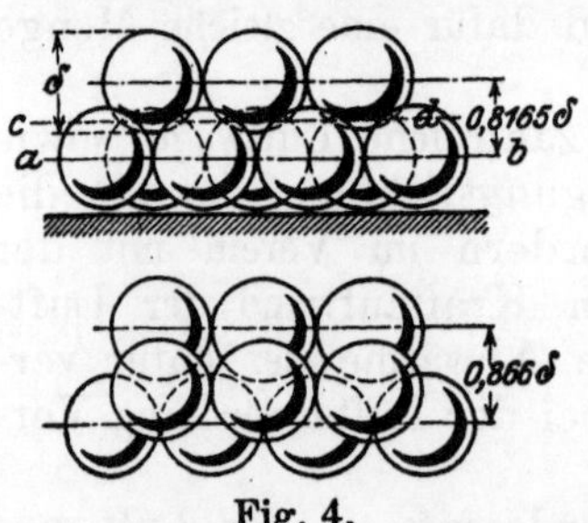

Fig. 4.

1000 Kugeln erfordern $0{,}707 \cdot 10^3 \cdot \delta^3 = 707 \cdot \delta^3$ Platz.

von Scheiben- oder Schnitzelgestalt geeignet, zum Trocknen in Haufen gelagert zu werden, weil sie durch dichtes Auf-

Der freie Raum zwischen 1000 Kugeln ist $= (707 - 523{,}5)\,\delta^3 = 183{,}4 \cdot \delta^3$, d. i. 25,94% des ganzen Raumes.

Alle Kugeln in 1 cbm bedürfen 740,6 Liter.

Die Oberfläche von 1000 Kugeln ist $3141{,}5 \cdot \delta^2$.

Die Oberfläche aller Kugeln in 1 cbm ist bei:

$\delta =$	1	2	3	4	5	6	7	8	9	10 mm
	4443,4	2221,7	1481,1	1110,8	888,7	740,5	634,8	555,4	493,7	444,3 qm

Luft die senkrecht durch einen Kugelhaufen mit der Basis 10 × 10 Kugeln geblasen wird, findet in jeder wagerechten Ebene, die durch die Kugelmitten geht:

$$\left(86{,}6 - \frac{100 \cdot \pi}{4}\right) \delta^2 = 8{,}12 \cdot \delta^2$$

d. i. 9,355% freien Querschnitt.

In jeder wagerechten Ebene, die durch die Berührungsstellen von je 4 Kugeln gelegt ist:

$$0{,}866 \cdot 100 \cdot \delta^2 - 200 \left(\frac{\delta \cdot 0{,}866 \cdot 2}{3}\right) \frac{\pi}{4} = 34{,}24 \cdot \delta^2$$

d. i. 39,53% freien Querschnitt.

Das senkrecht durch einen Quadratmeter eines Kugelhaufens mit einer Geschwindigkeit von

v = 1	2	3	4	5 m

durch den kleinsten freien Querschnitt geblasene (oder gesaugte) Luftvolumen beträgt stündlich:

338,7	677	1016	1355	1693 cbm.

Beispiel 42. Wenn Luft mit der Temperatur t_h senkrecht durch einen Körnerhaufen geblasen wird und sich darin auf t_n abkühlt, so beträgt ihr stündlich durchströmendes Gewicht L, bei den Geschwindigkeiten v, und ihre Wasseraufnahme kann w Kilo erreichen:

bei $t_h - t_n =$	400° — 80°		200° — 80°		100° — 60°		60° — 40° C	
v	L	w	L	w	L	w	L	w
1	186,7	20,7	250	10,5	223	3,12	337	2,4
2	371	41,5	502	21,1	380	4,04	675	4,7
3	556	62	754	31,5	665	9,31	1000	7,4
4	742	82,7	1000	41,5	890	12,67	1345	9,4
5	925	103	1255	52,5	1118	15,07	1684	11,8

Sind die Kugeln ungleich groß, so ändern sich die Verhältnisse. Deutsche Kiese mit 3 ÷ 7 mm Körnern sollen 36,7%, mit 4 mm Körnern 36%, mit 2 mm Körnern 39,6%, mit ¼—⅓ mm Körnern 42% freien Raum (Wasserhaltigkeit) haben. — Nach Chifford Richardson haben amerikanische Sande 29,5 ÷ 51,2%, im Mittel 36,1% freien Raum — bei Körnern von 5 mm 28,4%, bei 1,15 ÷ 1,56 Dr. 14,4% freien Raum Hans v. Höfer, Grundwasser und Quellen).

einanderliegen sowohl gegenseitig die Oberflächen bedecken als auch den Querschnitt für etwaige Luftdurchdringung versperren. Solche Stoffe können nur während der Bewegung von Luft bestrichen werden (Trommeln).

Anders verhält es sich mit plattenartigen Gegenständen wie Papier, Gewebe, Häute, Vulkanfiber usw., bei denen der Trockenluft meist leicht ein geordneter Weg geschaffen werden kann.

Für breiige Massen, schäumende Stoffe (Blut, manche Extrakte) bleibt meistens nichts anderes als ihre Oberfläche in flachen Schalen oder ihren Aufstrich auf Platten (Gläser), Trommeln der Luft zugänglich zu machen.

Die Wärme, die dem zu trocknenden Körper für die Verdunstung seiner Feuchtigkeit zugeführt werden muß, kann nur durch seine Oberfläche eindringen, und die eindringende Wärmemenge wird unter sonst gleichen Umständen proportional der Oberfläche sein. Deshalb müssen die zu trocknenden Körper dem Luftstrom die erforderliche Oberfläche darbieten.

Einige sirupartige, meist hygroskopische Stoffe, z. B. Malzextrakt, bilden beim Auftrocknen auf ihrer Oberfläche trocknere, dichte Schichten, die den Durchgang der Wärme von oben und des Dampfes von unten erheblich erschweren, so daß unter diesen Häuten sich die Feuchtigkeit nur sehr langsam entfernt. Andere Körper besitzen von Natur eine harte Schale, die fast undurchdringlich ist.

Es ist seit langem bekannt[1]), daß Salze, Säuren und organische Stoffe die Siedetemperatur des Wassers, in der sie aufgelöst sind, erhöhen. Um ihre Feuchtigkeit verdampfen oder verdunsten zu lassen (zu trocknen), müssen solche Gemische unter sonst gleichen Umständen auf eine höhere Temperatur erwärmt werden als reines Wasser. Die genannten Stoffe haben die Eigenschaft, die Spannung des Dampfs ihrer Flüssigkeit, wohl durch Anziehung verursacht, zu erniedrigen, und zwar in um so höherem Maße, je mehr Salze, Säuren, organische Stoffe sie enthalten oder je trockner sie sind, und wenn zum Zweck des Trocknens Luft über sie geblasen wird, so muß die Spannung des Dampfs in dieser Luft geringer

[1]) Siehe z. B. G. Th. Gerlach, Über Siedetemperaturen.

als in den Körpern sein, weil dieser nur dann, wie Dalton zuerst erkannte und wie es oben dargestellt ist, mit den Körpern in die Luft übertreten kann. Die Trockenluft muß also, um solche Stoffe zu trocknen, entweder wenig gesättigt oder wärmer sein als sie es beim Auftrocknen von ganz reinem Wasser zu sein brauchte.

J. F. Hoffmann[1]) hat nun durch wertvolle Untersuchungen gefunden, daß die sehr hygroskopische Stärke als Bestandteil von Getreide, Mais, Kartoffeln die Spannung der Feuchtigkeit in diesen Körpern so stark herabsetzt, daß sie wenigstens 20 % Wasser enthalten müssen, um Dampf von der Spannung reinen Wassers zu entwickeln, daß bei einem Wassergehalt von 5 ÷ 8 % die Dampfspannung in diesen Stoffen nur etwa 20 % der des Wassers ist und daß sie in den Zwischenstufen nicht ganz proportional wächst. Bis auf weitere von Hoffmann in Aussicht gestellte Versuche würde man demnach schätzen dürfen, daß stärkehaltige Körper bei den Temperaturen:

5° 10° 15° 20° 30° 40° 50° C

und einem Stärkegehalt von 5 ÷ 20 % nur 1,3 ÷ 99,2 % Dampfdruck:

	5°	10°	15°	20°	30°	40°	50° C	Dampfdr.	Luftsättig.
5 %	1,3	1,83	2	3,4	6,3	11	18,4 mm	20 %	
10 %	3	4,3	5,6	8	14,6	26	43 mm	46,5 %	
15 %	4,7	6,8	8,8	12,8	22,9	40	67,4 mm	73 %	
20 %	6,5	9,14	12,1	17,36	31,5	54,8	99,2 mm	100 %	

ausüben. Deshalb darf Luft, die die Körper bis zu den genannten Wassergehalten austrocknen soll, bei gleicher Temperatur mit den Körpern, höchstens, wie bemerkt, 20 % — 46,5 — 73 — 100 % Wasser enthalten. Sehr erwünscht wären ähnliche Versuche auch mit anderen Stoffen als Stärke.

Wenn größere Stücke organischer Körper der schnelleren Wärmeübertragung wegen zerkleinert (zerschnitten) werden, so tritt oft Feuchtigkeit (Saft, Serum) an die Luft, und wird von dieser um so mehr beschädigt (oxydiert), je wärmer sie ist und je länger sie an den Schnittstellen verweilt. Die Säfte färben sich dabei dunkel, z. B. beim Zuckerrohr, Zuckerrüben, Birnen, Äpfeln, Kartoffeln. Schnelles Trocknen bei möglichst niedriger Temperatur ist hier das Erstrebenswerte.

Organische Körper bis zur vollkommenen Wasserfreiheit

---

[1]) Dr. J. F. Hoffmann, Die Getreidespeicher.

zu trocknen, ist meistens nicht vorteilhaft, weil dann die Zellwände ihre Elastizität oft dauernd verlieren und das spätere Wiederquellen erschweren oder verhindern. Auch aus dem Grunde ist zu gründliches Trocknen solcher Dinge nicht zweckmäßig, weil sie an der Luft doch wieder Wasser aufnehmen.

Die an das Trockengut übertragene Wärmemenge ist wohl auch proportional dem mittleren Temperaturunterschied ϑ_m zwischen Luft und Trockengut. Beim Gegenstrom ist die Eintrittsstelle der zu trocknenden Körper, deren Temperatur $= t_u$ sei, zugleich die Stelle, an der die Luft mit der Temperatur t_n austritt; der Temperaturunterschied ist hier also: $t_n - t_u$. An der Ausgangsstelle der getrockneten Körper findet dann die Einströmung der heißen Luft statt, deren Temperatur t_h sei. Die getrockneten Körper verlassen mit der Temperatur t_z um einige Grade kälter den Trockenraum, als die warme Luft ihn betritt; um wieviel Grade, hängt von den jedesmaligen Umständen ab. Der Temperaturunterschied ist daher: $t_h - t_z$. Für den Fall, daß dieser Temperaturunterschied $t_h - t_z$ wenigstens halb so groß ist wie der zuerst genannte $t_n - t_u$, ist der mittlere Temperaturunterschied:

$$\vartheta_m = \frac{(t_h - t_z) + (t_n - t_u)}{2}.$$

In allen Fällen, in denen $t_h - t_z$ kleiner ist als $\frac{t_n - t_u}{2}$, wird auch der mittlere Temperaturunterschied kleiner und keineswegs das arithmetische Mittel beider. (Siehe darüber unsere Schrift: „Verdampfung, Kondensation, Kühlung“, 6. Auflage, Berlin; auch S. 86, 87.)

Die gleiche Formel gilt auch, wenn Luft und Körper nicht, wie oben angedeutet, im Gegenstrom, sondern wenn sie, an derselben Seite des Kanals ein- und austretend, sich im Gleichstrom bewegen.

Wie schon im Abschnitt 4, D dargelegt, ergibt der Gegenstrom den größeren Temperaturunterschied und fordert deshalb die kleinere Oberfläche; aber wenn es sich um recht nasse zu trocknende Stoffe handelt, wird oft Gleichstrom gewählt, weil bei diesem die wärmste Luft auf das feuchteste Gut trifft, und deshalb ihre höchste Temperatur erheblich höher angenommen werden darf, ohne dem Gut zu schaden, als wenn sehr warme Luft auf fast trocknes Gut trifft. Vollkommene Trocknung ist beim Gleichstrom aber nicht zu erreichen.

Beispiel 43. Die höchste Lufttemperatur sei $t_h = 100^0$, die Luftaustrittstemperatur $t_n = 36^0$, die Eintrittstemperatur der Körper betrage $t_u = 15^0$, ihre Austrittstemperatur $t_z = 30^0$, so ist der mittlere Temperaturunterschied nicht:

$$\frac{(100 - 30) + (36 - 15)}{2} = \frac{70 + 21}{2} = 45{,}5^0,$$

sondern er ist nach der eben angeführten Quelle (Tabelle I), weil:

$$\frac{21}{70} = 0{,}30, \qquad \vartheta_m = 0{,}583 \cdot 70 = 40{,}810^0.$$

In bezug auf die Wärmeübergangszahl k[1]) übt, wie wir wissen, die Geschwindigkeit v, mit der die Luft über die Trockenkörper streicht, einen fördernden Einfluß[2]) aus. Es ist:

$$k = 2 + 10 \sqrt{v}.$$

Die Menge der in 1 Stunde an die zu trocknenden Körper übertragene Wärme ist daher:

$$C_s = O \cdot \vartheta_m \cdot k = O \cdot \vartheta_m (2 + 10 \sqrt{v}), \quad . \; . \; . \quad (66)$$

und die für die Übertragung von C_s WE. nötige Oberfläche des Trockengutes O in Quadratmeter:

$$O = \frac{C_s}{\vartheta_m (2 + 10 \sqrt{v})} \quad . \; . \; . \; . \; . \; . \; . \quad (67)$$

Aus dieser Gleichung kann die dem Luftstrom zum Trocknen einer gewissen Menge von Feuchtigkeit in 1 Stunde sich darbietende Oberfläche gefunden werden.

Beispiel 44. Es sind 100 kg Wasser in 1 Stunde zu verdunsten; die Luft ströme mit v = 4 m Geschwindigkeit über die Körper und habe anfangs $t_h = 50^0$, am Ende $t_n = 25^0$, der Körper anfangs $t_u = 15^0$, am Ende $t_z = 30^0$:

$$t_n - t_u = 25 - 15 = 10,$$
$$t_h - t_z = 50 - 30 = 20,$$

$$\frac{10}{20} = 0{,}5, \qquad \text{folglich} \qquad \vartheta_m = 14{,}48.$$

1) Siehe hierüber auch E. Hausbrand: Verdampfen, Kondensieren und Kühlen. 1920.

2) Das Gleiche findet hinsichtlich der Verdunstung statt.

Dann muß die Oberfläche der Trockenkörper haben:

$$O = \frac{62\,500}{14{,}48\,(2 + 10\sqrt{c})} \cong 107 \text{ qm}.$$

Die Ergebnisse dieser Gleichungen sind allerdings nicht immer zuverlässig, da die physikalischen Eigenschaften der zu trocknenden Stoffe bewirken können, daß die Wärmeübertragung und damit die Verdunstung, wie oben dargelegt, nicht ganz nach den hier gemachten Annahmen stattfindet. In diesen Fällen kann nur die Erfahrung Lehrmeisterin sein, aber oft treffen sie doch zu.

Die Einrichtungen zum Lagern, Ausbreiten, Aufhängen im Trockenraum müssen so groß oder so zahlreich sein, daß sie soviel Trockengut aufnehmen können, als dem Produkt aus der Zeit, in der ein einzelnes Stück oder ein einzelner Teil trocknet, mit der beabsichtigten Trockenleitung in dieser Zeit entspricht.

Braucht ein einzelnes Stück oder ein einzelner Teil, um hinreichend trocken zu werden, 2 Tage, und sollen in 1 Tage 1000 kg getrocknet werden, so muß der Trockenraum für wenigstens $1000 \cdot 2 = 2000$ kg Trockengut Platz haben.

Die Strömung der Luft im Trockenraum folgt, wenn sie nicht durch mechanische Mittel beeinflußt wird, dem Wege, der ihr durch die Vergrößerung oder Verringerung ihres spezifischen Gewichtes im Trockenraum gewiesen wird, denn die leichtere Luftmischung steigt nach oben, die schwerere geht nach unten. Die Luft ist um so leichter, je wärmer und je mehr sie mit Wasser gesättigt ist. Welchen Einfluß Temperatur und Sättigung hierfür ausüben, zeigt Tafel IX, die in ihren Ordinaten das Gewicht von 1 cbm Luft bei 760 mm Quecksilbersäule verdeutlicht, und zwar ganz trocken, A—B, ferner $^1/_4$, $^1/_2$, $^3/_4$, und ganz mit Wasser gesättigt, A—C, A—E, A—G, A—J bei Temperaturen von -20^0 bis $+100^0$. Die Tafel IX gibt auch das Gewicht eines Kubikmeters Luft von 100^0 bis 150^0, wenn diese in 1 kg so viel Wasser enthält, wie es bei 100^0 der Fall ist.

Die Linie L—J—M stellt das Gewicht eines Kilogramms gesättigten Wasserdampfes bei den Spannungen seiner Temperatur dar.

Aus dieser Zeichnung ist zu erkennen, daß im allgemeinen,

wenn die Luft nur vor dem Eintritt in den Trockenraum erwärmt wird und sich dann im Innern abkühlt, ihr Kubikmeter-Gewicht sich darin vergrößert, auch meistens dann, wenn sie im Trockenraum größere Sättigung erlangt.

Findet Erwärmung der Luft auch noch im Innern des Trockenraumes statt, so daß sie diesen ebenso warm verläßt, wie sie ihn betrat, so ist sie am Ende immer leichter als am Anfang. Bei Kanälen ist es wohl meistens das beste, die Luft unten einzuführen und auf dem ganzen Kanalquerschnitt abzusaugen.

Bei wagerechten Trockenräumen liege die Heizkammer vor oder unter einem Ende, und die Luft trete von unten ein. Der Luftaustritt geschehe wagerecht und, wenn er nicht den ganzen Kanalquerschnitt einnimmt, eher etwas mehr unten als oben.

Es geschieht, daß aus manchen Körpern (z. B. Pulver, Gummi, Gewebe) nicht Wasser, sondern andere Flüssigkeiten, wie Äther, Alkohol, Azeton, Benzol, die wertvoll sind und nicht verloren gehen dürfen, mit Luft entfernt werden, und aus dieser wieder gewonnen werden müssen. Die Aufnahmefähigkeit der Luft für jene Flüssigkeiten kann leicht ebenso wie die des Wassers aus der bekannten Spannung ihrer Dämpfe bei den verschiedenen Temperaturen berechnet werden. Die nachfolgende Zusammenstellung gewährt einen Überblick über das Gewicht solcher Dämpfe in 1 cbm und in 1 kg Luft bei 0÷40° C.

Temperatur	Äther Gewicht in		Alkohol Gewicht in		Azeton Gewicht in		Benzol Gewicht in	
	1 cbm	1 kg Luft	1 cbm	1 kg Luft	1 cbm	1 kg Luft	1 cbm	1 kg Luft
°C	kg	kg	kg	kg	kg	kg	kg	kg
0	0,787	0,802	0,0313	0,0243	0,235	0,1930	0,1160	0,090
10	1,192	1,530	0,0587	0,0470	0,374	0,3493	0,2000	0,160
20	1,752	3,391	0,1020	0,0846	0,571	0,6206	0,3239	0,269
30	2,512	12,39	0,1747	0,1510	0,845	1,153	0,4969	0,515
40	3,50	∞	0,2896	0,2572	1,222	3,420	0,7310	0,650

Eine teilweise Entfernung der Flüssigkeiten aus der Luft kann durch Zusammendrücken und Abkühlung der Dampf-

Luftmischungen geschehen, wobei sie, nachdem der Taupunkt erreicht ist, sich ausscheiden.

Allein eine vollkommene Wiedergewinnung der Dämpfe kann hierbei nicht erfolgen, weil die Luft selbst ja immer einen Rest davon zurückbehalten wird. Ist diese ursprünglich nicht mit ihr gesättigt, so muß ihr Zusammendrücken (Kaupression) sehr weit getrieben werden, was erhebliche Kräfte erfordert und neben der Kühlung ziemlich teuer wird.

Einfacher führt ein Verfahren zum Ziel, bei dem die Mischung von Luft und Dampf durch eine andere Flüssigkeit gedrückt wird, die den Dampf vollkommen in sich aufnimmt, wie dies z. B. mit Alkohol und Äther durch Schwefelsäure der Fall ist. Die jene Dämpfe aufnehmende Flüssigkeit muß so geartet sein, daß sie nicht ihrerseits in die Luft verdampf, was weder Schwefelsäure noch manche Öle tun, dann aber muß sie auch die aufgenommenen Dämpfe so binden, daß die durchstreichende Luft sie zurückläßt.

Entweder wird die Luftdampfmischung nur durch eine ziemlich hohe Schicht der Aufnahmeflüssigkeit gedrückt oder nacheinander durch mehrere niedrige, wobei ein ununterbrochener Betrieb entsteht, bei dem die Aufnahmeflüssigkeit oben frei eintritt und unten fast gesättigt abläuft. Es ist daran zu denken, daß sowohl die Zusammendrückung der Luft als auch die Auflösung des Dampfes, wenn sie eine chemische Bindung herbeiführt, Wärme frei macht, die durch Kühlung beseitigt werden muß und daß die durch den Luftstrom mitgenommenen Tropfen aufzufangen sind.

15. Bewegung der Luft in den Trockenräumen und Kanälen.

A. Bewegungswiderstände.

Die Bewegung der Luft durch den Trockenraum und über das Trockengut kann durch die Ansaugung vermittelst eines Schornsteins, eines mechanischen Saugzuges oder durch ein drückendes Schleudergebläse hervorgerufen werden. Da die Geschwindigkeiten der Luft sowohl im Trockenraum wie im Schornstein meistens schon vorher auf Grund gewisser Überlegungen angenommen oder bestimmt, und das zu befördernde Luftgewicht gleichfalls vorher berechnet ist, so handelt es sich bei der folgenden Erörterung im wesentlichen um die Feststellung des erforderlichen Zuges (Z), der Widerstände überwinden und der Luft die beabsichtigte Geschwindigkeit erteilen kann. Der Zug kann ausgedrückt werden in Kilogramm auf den Quadratmeter, was dann auch zugleich die Druckhöhe in Millimeter WS. bedeutet, da ja 1 mm WS. auf den qm = 1 kg wiegt, oder der Zug kann durch Angabe der Schornsteinhöhe bezeichnet werden, wobei dann $Z = h(\gamma_a - \gamma_i)$ ist.

Der Zug hat zunächst die beabsichtigte Geschwindigkeit v_h der Luft zu erzeugen und sodann die diese erschwerenden Widerstände zu überwinden. Die Widerstände bestehen in Erweiterungen und Verengungen, Richtungsänderungen durch Bogen und scharfe Kniee, Umkehrungen, in der Reibung an den Wänden und an der Oberfläche des Trockengutes, bei Feuerungen auch in den Hindernissen durch Roste, Brennstoff, Schieber und ähnliches. Ist die zur Erzielung der Luftgeschwindigkeit v erforderliche Druckhöhe h, so ist nach bekannten Gesetzen

$$h = \frac{v^2}{2g}$$

und wenn die zur Überwindung der einzelnen Widerstände erforderlichen Druckhöhen h_1, h_2, h_3, h_n genannt werden, so könnten diese (wenn keine Widerstände zu überwinden wären) je eine Geschwindigkeit v_1, v_2, v_3, v_n erzeugen. Es kann nun jede dieser Druckhöhen als ein Teil ζ_1, ζ_2, ζ_3, ζ_n der zur Erziehlung der Geschwindigkeit v erforderlichen Höhe h ausgedrückt werden, so daß die ganze Höhe h_h vom Rost ab ist:

$$h_h = h + h_1 + h_2 + h_3 + h_n = h + \zeta_1 h + \zeta_2 h + \zeta_3 h \cdots \zeta_n h =$$

$$= \frac{v^2}{2g} + \zeta_1 \frac{v^2}{2g} + \zeta_2 \frac{v^2}{2g} + \zeta_3 \frac{v^2}{2g} \cdots \zeta_n \frac{v^2}{2g}$$

oder

$$h_h = h\left(1 + \zeta_1 + \zeta_2 + \zeta_3 \cdots \zeta_n\right) = \frac{v^2}{2g}\left(1 + \zeta_1 + \zeta_2 + \zeta_3 \cdots \zeta_n\right).$$

Nun bleibt bei Trockenanlagen zwar das Luftgewicht fast von Anfang bis zum Ende unverändert, da es sich nur um das aufgenommene Wassergewicht w vermehrt, was $0,5 \div 4\,\%$ betragen kann, aber das Luftvolumen ändert sich auf seinem Wege erheblicher, weil die Luft am Ende ihrer Erwärmung mehr Raum einnimmt als an anderen Stellen. Weil der Querschnitt an diesen Stellen gewöhnlich nicht größer als an anderen ist, muß die Luftgeschwindigkeit v_h meistens hier am größesten sein und zwar um etwa $6 \div 16\,\%$ größer als an anderen Stellen.

Nun wird die Geschwindigkeit der Luft hier nicht durch die Erdanziehung und die durch diese bedingte Beschleunigung des Falles g hervorgerufen, sondern durch den Auftrieb der wärmeren oder feuchteren daher leichteren Luft im Schornstein (γ_i) durch die kältere, schwerere, wasserärmere außerhalb (γ_a), die die Beschleunigung g_1 erzeugt, und es gilt:

$$g_1 : g = \gamma_a \div \gamma_i : \gamma_i \quad \ldots \ldots \ldots \quad (68)$$

$$g_1 = \frac{g(\gamma_a - \gamma_i)}{\gamma_i}.$$

Deshalb ist:

$$h = \frac{v^2}{2g_1} = \frac{v^2 \cdot \gamma_i}{2g(\gamma_a - \gamma_i)} \quad \ldots \ldots \quad (69)$$

Weil die lebendige Kraft der bewegten Luft an ihrer heißesten Stelle am größten, die zu deren Hervorbringung erforderliche Druckhöhe h_h also auch am bedeutendsten ist, setzen wir diese in die Gleichung, die dann lautet:

$$h = \frac{v_h^2 \cdot \gamma_h}{2 \cdot g(\gamma_a - \gamma_i)} \quad \ldots \ldots \ldots \quad (70)$$

und die für die Erzeugung der b l o ß e n Luftgeschwindigkeit erforderliche Druckhöhe, o h n e Berücksichtigung der Widerstände $h_1 - h_2 - h_3 \cdots$ angibt.

Die wirkliche Höhe der den Zug erzeugenden Schornsteins ist daher mit Berücksichtigung der Widerstände:

$$h_h = \frac{v_h^2 \gamma_h}{2 \cdot g(\gamma_a - \gamma_i)} \left(1 + \zeta_1 + \zeta_2 + \zeta_3 \cdots + \frac{\lambda w \cdot n}{f}\right)$$

und die einzelnen Widerstandzahlen $\zeta_1 \div \zeta_2 \cdots$ werden in folgender Weise bestimmt.

ζ_1 — Durch eine plötzliche Erweiterung in der Luftführung entsteht ein Verlust an lebendiger Kraft. Ist f der Querschnitt des Kanals, f_ε der der Erweiterung, sind v und v_ε die entsprechenden Luftgeschwindigkeiten darin, so ist der Verlust an lebendiger Kraft:

$$h_1 = \frac{(v - v_\varepsilon)^2}{2g} = \frac{\left(v - v\frac{f}{f_\varepsilon}\right)^2}{2g} = \frac{v^2\left(1 - \frac{f}{f_\varepsilon}\right)^2}{2g} = \zeta_1 \cdot h \qquad (71)$$

und folglich:

$$\zeta_1 = \left(1 - \frac{f}{f_\varepsilon}\right)^2.$$

Es ist für:

$\frac{f}{f_\varepsilon} =$	1	0,8	0,6	0,4	0,2	0,1	0,01
$\zeta_1 =$	0	0,64	0,16	0,36	0,64	0,81	0,98

ζ_2 — Bei einer plötzlichen Verengung des Kanals mit scharfen Kanten tritt ein Geschwindigkeitsverlust von 0,04 durch Kontraktion (Einschnürung) ein und ferner ein Verlust an lebender Kraft durch die dann folgende Erweiterung des Strahls nach der Einschnürung $= \left(\frac{1}{\alpha} - 1\right)^2$, worin sich α von $1 \div 0{,}6$ verkleinert mit abnehmendem Verhältnis von $\frac{f}{f_\varepsilon}$.

Für $\frac{f}{f_\varepsilon} =$	1	0,8	0,6	0,4	0,2	0,1	0,01
ist: $\alpha =$	1,0	0,77	0,70	0,65	0,62	0,61	0,60
und: $\zeta_2 =$	0	0,13	0,23	0,33	0,42	0,46	0,50

und für eine Erweiterung mit darauf folgender Verengerung

$\zeta_1 + \zeta_2 =$	0	0,77	0,39	0,69	1,06	1,27	1,48

ζ_3 — Ein Schieber gibt einen um so größeren Widerstand, je mehr er geschlossen ist. Ist seine freie Öffnung $= f$, die verengte f_s, so darf etwa gesetzt werden für:

$\frac{f_s}{f} =$	1	0,8	0,6	0,4	0,2
$\zeta_3 =$	0	0,25	0,5	0,75	1,0

ζ_4 — Ein Bogen in einem kreisrunden Kanalquerschnitt mit dem Durchmesser d und dem Radius r erfordert für:

$r =$	4d	3d	2d	1d	0,5d
$\zeta_4 =$	0,11	0,13	0,20	0,30	2,0

ζ_5 — Für ein rechtwinkliges scharfkantiges Knie im Kanal ist $\zeta_5 = 1{,}5$

ζ_6 — Für 2 rechtwinklige scharfkantige Kniee dicht hinter einander, wenn ihre Mitttelentfernung = e ist für:

e = 2 d	3 d	4 d	5 d	8 d
ζ_6 = 3,0	2,4	2,0	1,5	1,0

ζ_7 — Die Brennstoffschicht auf dem Rost erfordert je nach der Korngröße, Schichthöhe und Stoffart z = 5 ÷ 30 mm WS als Zug $= z = h(\gamma_a - \gamma_i)$. Die Kubikmetergewichte der Luft außerhalb (γ_a) und innerhalb (γ_i) des Schornsteins ergeben dann die Höhe $z_7 = h_7\,(\gamma_a - \gamma_i)$

$$h_7 = \frac{z_7}{\gamma_a - \gamma_i}.$$

R[1]) — Die Reibung verursacht einen Verlust an lebendiger Kraft; sie wirkt wie eine Kraft oder ein Gewicht, das den Weg w durcheilt, daher ist der Verlust $= \frac{R \cdot v^2}{2 \cdot g}$.
Die Reibung ist proportional dem auf dem Luftwege w berührten Körperumfang u, was hier die gesamte Oberfläche $O = w \cdot u$ des Apparates und des Trockengutes bedeutet, ferner umgekehrt proportional dem Kanal-Querschnitt f und wieder proportial einem Festwert ϱ

$$R = \varrho\,\frac{w \cdot u}{f} = \frac{\varrho \cdot O}{f} \quad \ldots\ldots\ldots \quad (72)$$

ϱ hat folgende Werte für:

f = 0,50	0,60	0,70	0,80	0,90	1,0 qm
ϱ = 0,038	0,012	0,010	0,0084	0,0080	0,0076

f = 1,5	2,0 qm
ϱ = 0,0073	0,0070.

---

[1]) **Über Luftwiderstands-Festwerte siehe: H. Rietschel, Leitfaden zur Projektierung und Berechnung von Heizungs- und Lüftungsanlagen, woraus viele der oben angeführten Werte für z stammen.**

Leider ist es nicht immer möglich, alle in der Luftleitung auftretende oder zu erwartende Widerstände ihrer Art und Größe nach von vorn herein genau zu bestimmen, auch sind die für die Berechnung nötigen Festwerte keineswegs schon ganz einwandfrei erforscht. Deshalb muß zu der berechneten Saughöhe, wenn sie zur Bestimmung der Abmessungen der Luftbewegungsvorrichtung des Schornsteins oder der Gebläse dienen soll, immer ein beträchtlicher Sicherheitszuschlag hinzugefügt werden[1]).

B. Schornsteine.

Da Schornsteine unter sehr verschiedenen atmosphärischen Umständen wirken müssen, namentlich auch hinsichtlich der Außentemperatur, der Windrichtung und Undichtheiten, so kann es leicht (wie auch bei den nachfolgenden Beispielen ersichtlich wird) eintreten, daß der Schornstein, um zu allen Zeiten gerüstet zu sein, übermäßig hoch sein müßte. In solchen Fällen ist es dann vorzuziehen, die Luft bewegung durch ein Schleudergebläse zu bewirken, dessen Abwärme wohl stets zur Lufterwärmung mit verwendet werden kann.

Die Frage, ob im gegebenen Fall ein Schornstein oder ein Gebläse für die Luftbewegung vorzuziehen sei, wird aber nicht allein durch die begrenzte Zugwirkung der Schornsteine entschieden. Es können manche andere Gründe auch bei ausreichender Zugwirkung des Schornsteins für ein Gebläse sprechen, wie sicherer Betrieb, billige Kraft, mangelnder Platz, schnelle Beschaffung, leichte Änderung und andere.

Beispiele 45. Die nachfolgenden Beispiele beziehen sich alle auf ein stündlich zu bewegendes Luftgewicht L = 10 000 kg. Die wechselnden Temperaturen der Außenluft $t_a = -20 \div +30^0$, der Schornsteinluft $t_i = 300 \div 40^0$ und der Höchsterwärmung der Luft $t_h = 1000 \div 80^0$ erfordern sehr verschiedene Schornsteinhöhen h. Die Dampfheizflächen H, die Trockengutoberflächen O, die Kanalquerschnitte f, so wie die Höchstgeschwindigkeiten der Luft v_h sind in den Beispielen willkürlich angenommen.

[1]) Siehe die nebenstehende Anmerkung (S. 110).

Beispiel 45.

Außentemperatur . . . t_a	— 20				+ 10				+ 20				+ 30			
Gewicht der Außenluft γ_a	1,30				1,25				1,20				1,14			
Innentemperatur . . . t_i	300	150	70	40	300	150	70	40	300	150	70	40	300	150	70	40
Gewicht der Innenluft γ_i	0,616	0,837	0,938	1,105	0,616	0,837	0,938	1,105	0,616	0,837	0,938	1,105	0,616	0,837	0,938	1,105
$\gamma_a - \gamma_i$	0,684	0,463	0,360	0,195	0,634	0,413	0,310	0,143	0,584	0,363	0,262	0,095	0,524	0,303	0,202	0,075
Luftgewicht L	10000				10000				10000				10000			
Höchsttemperatur . . t_h	1000	250	150	80	1000	250	150	80	1000	250	150	80	1000	250	150	80
Luftvolum . . . . V_h	36000	14510	11100	10020	36000	14510	11100	10020	36000	14510	11100	10020	36000	14510	11100	10020
Heizfläche . . . . H	—	—	200	80	—	—	200	80	—	—	200	80	—	—	200	80
Höchstgeschwindigkeit v_h	8,2	5	5	5	8,2	5	5	5	8,2	5	5	5	8,2	5	5	5
Trockengut Oberfläche O	200	110	125	170	200	110	125	170	200	110	125	170	200	110	125	170
$\frac{v_h^2 \cdot \gamma_i}{2g \cdot (\gamma_a - \gamma_i)}$	2,53	2,25	3,23	7,20	2,81	2,52	3,78	9,71	3,05	2,95	4,40	14,30	3,40	3,45	5,80	39,50
$\zeta_1 + \zeta_2 = 0{,}54$ Erweiterung	1,26	1,21	1,74	3,84	1,52	1,36	2,04	5,24	1,65	1,59	2,35	7,72	1,84	1,86	3,13	21 33
$\zeta_3 = 0{,}65$ Schieber	1,64	1,46	—	—	1,83	1,64	—	—	1,98	1,92	—	—	2,21	2,24	—	—
$\zeta_4 = 2 \cdot 0{,}3$ Bogen	0,80	0,70	0,65	2,13	0,85	0,80	1,13	2,71	0,91	0,90	1,32	4,30	4,50	4,50	1,74	11,20
$\zeta_5 = 1 \cdot 1{,}5$ Knie	3,76	3,38	4,96	10,60	4,20	3,76	5,67	14,56	4,57	4,45	6,66	21,40	5,10	5,16	8,70	59,20
$\zeta_7 = 8$ mm Brennstoff . .	11,68	17,28	—	—	12,56	19,36	—	—	13,68	22,00	—	—	23,28	26,40	—	—
Reibung $\frac{\varrho \cdot H}{f}$ an der Heizfläche	—	—	1,40	0,62	—	—	1,40	0,62	—	—	1,40	0,62	—	—	1,40	0,62
Reibung $\frac{\varrho \cdot O}{f}$ am Trockengut .	1,20	0,77	0,88	1,33	1,20	0,77	0,88	1,33	1,20	0,77	0,88	1,33	1,20	0,77	0,88	1,33
Reibung $\frac{\varrho \cdot S}{f}$ im Schornstein .	0,42	0,55	0,22	0,55	0,54	0,63	0,28	0,78	0,60	0,70	0,42	1,07	0,80	1,05	0,56	2,41
Ganze Höhe . . . . . . h_h	23,29	27,60	13,08	26,27	25,51	30,84	15,18	33,95	27,64	35,28	17,43	50,74	43,33	45,43	22,21	135,63

C. Schornsteine für Feuerungen.

Die Höhe der Schornsteine h_r über dem Rost kann nach einer von Lang[1]) angegebenen empirischen Gleichung berechnet werden:

$$h_r = \left(15 \cdot d_0 + 2{,}5 \cdot v_0 + \eta \cdot l - 160 \tang i\right) \frac{700 - t_m}{200 + t_m} \text{Meter.} \quad (73)$$

Darin bedeutet d_0 den oberen Durchmesser, v_0 die obere Austrittsgeschwindigkeit des Gases, $\eta = 0{,}04$ seine Reibung, $l = 25$ m die Länge des Zuges, tang i $= 0{,}006$ die Tangente des inneren Neigungswinkels der lichten Weite, t_m die mittlere Innentemperatur. Nach dieser Gleichung ist die Tabelle XXIX für $v_0 = 3, 4, 5, 6$ m Luft-Austrittsgeschwindigkeit berechnet worden.

Die Menge des aus einem runden Schornstein in 1 Stunde abziehenden Gases gibt die Gleichung (74)

$$V_0 = \frac{d_0^2 \cdot \pi}{4} \cdot v_0 \cdot 3600 \text{ cbm} \quad \ldots \ldots \quad (74)$$

oder

$$L = \frac{d_0^2 \cdot \pi}{4} \cdot v_0 \cdot 3600 \cdot \gamma_i = \frac{3656 \cdot d_0 \cdot v_0}{1 + 0{,}003665 \cdot t_i} \text{kg} \quad . \; . \quad (75)$$

Als Beispiele können die in der Tabelle XXX zusammengestellten Volumina und Gewichte dienen, die für einige Schornsteine von $d_0 = 0{,}55 \div 3{,}0$ m oberen Durchmesser, $v_0 = 4$ m oberer Austrittsgeschwindigkeit und Gasgewicht $\gamma_i = 0{,}50 \div 1{,}10$ kg je cbm nach den Gleichungen 74 und 75 berechnet sind.

Der Zug im Schornstein wird, wenn alle Nebenumstände unberücksichtigt bleiben, durch die Formel: $Z_0 = h(\gamma_a - \gamma_i)$ dargestellt, allein wenn unter Z der Zug verstanden wird, der nach Erzeugung der Gasgeschwindigkeit v_0 an der Spitze des Schornsteins noch für die Überwindung aller Widerstände übrig bleibt, so ist dieser:

$$Z = h_r(\gamma_a - \gamma_i) - \frac{v_0^2}{2g} \gamma_i \quad \ldots \ldots \quad (76)$$

Nach dieser Gleichung ist die Tabelle XXXI hergestellt, bei deren Bewertung aber zu berücksichtigen bleibt, daß

[1]) E. Lang, Z. d. V. d. J. 1899, S. 894.

Mauersteine etwas porös sind und kalte Luft in das Innere dringen lassen, was Risse und Spalten im Mauerwerk in noch höherem Maße tun, wodurch die Zufähigkeit vermindert wird. Das Kubikmetergewicht der Außenluft γ_a ist, wie bekannt, sehr schwankend, aber auch das Gewicht des inneren Gases γ_i hängt nicht nur von seiner mittleren Temperatur, sondern auch von seiner Zusammensetzung und namentlich von seinem Wassergehalt ab. Die Temperatur der Innenluft wird sowohl durch die stets vorhandene aber sehr schwankende Wärmeausstrahlung (den Wärmeverlust), als auch durch die Einsaugung kalter Luft herabgedrückt. Deshalb ist in der Gleichung (76) der Zug nicht von Temperatur, sondern nur vom Gasgewicht abhängig gemacht und in der Tabelle XXX (Spalte 5) die Temperatur nur schätzungsweise vermerkt worden. Der Wärmeverlust sollte so klein wie möglich gehalten werden, durch glatte, dichte, spaltenlose möglichst dichte Steine und bei eisernen Schornsteinen durch einen doppelten Blechmantel, weil diese sonst je nach den äußeren Umständen von jedem qm $k = 9 \div 25$ WE. für 1° Temperaturunterschied verlieren.

Der Wärmeverlust gemauerter Schornsteine wird im höchsten Maße von den so sehr veränderlichen Zuständen der äußeren Atmosphäre beeinflußt, von ihrer Temperatur, von der Windrichtung und Stärke, von Regen und Schnee. Wenn in der Tabelle XXXI versucht wird, den Wärmeverlust verschiedener gemauerter Schornsteine anzugeben, so geschieht es nur, um eine Vorstellung von seiner Größe zu geben, nicht um genaue Zahlen festzustellen. Es ist dabei der obere innere Durchmesser $d_o = 1$ m, der untere innere Durchmesser $d_u = d_o + 0{,}018\, h_r$, ferner die Wandstärke abhängig von der Höhe und die Wärmeübergangszahl k je Stunde, qm, °C etwa 35% größer als bei niedrigeren Bauwerken angenommen.

Nachdem nun die durch den Schornstein abgehenden Gasgewichte und ihr Wärmeverlust einigermaßen bekannt ist, liegt es nahe zu fragen, um wieviel Grade sich das Gas im Rohr abkühlt, wie groß sein Temperaturverlust t_v ist. Freilich darf auch hier diese Betrachtung nur als eine Schätzung angesehen werden. Der Temperaturverlust ist:

$$t_v = \frac{F \cdot (t_i - t_a) k}{\sigma \cdot L} = \frac{4 \cdot d_0^2 \cdot \pi \cdot h \cdot (t_i - t_a) k}{\sigma \cdot d_0^2 \cdot \pi \cdot v_0 \cdot 3600 \cdot \gamma_i} \quad . \quad . \quad (77)$$

worin F die Schornsteinoberfläche, σ die spezifische Wärme des Gases = 0,248 bedeutet. Die spezifischen Gewichte (oder Kubikmetergewichte γ_i) der Abgase sind, wie schon besprochen, ihres verschiedenen Wasserdampfgehaltes wegen, keineswegs ihren Temperaturen umgekehrt proportional und der Möglichkeiten für verschiedene Temperaturverluste t_v entstehen so viele, daß sie sich nicht alle in eine Tabelle fügen lassen. Daher sind in der Tabelle XXXII nur einige Beispiele vorgetragen, die nur die ungefähre Größe der Temperaturverluste erkennen lassen sollen. Je größer der Durchmesser des Schornsteins d_0 und die Geschwindigkeit v_0 der Abgase ist (das heißt die Abgasmenge), desto kleiner ist ihr Temperaturverlust t_v. Um ihn für andere Geschwindigkeiten als $v_0 = 4$ m zu finden, sind die Zahlen der Tabelle XXXII mit $\frac{4}{v_0}$ zu multiplizieren.

Tabelle XXXIII gewährt einen ungefähren Überblick über die Wirkungen des Schornsteindurchmessers, seiner Höhe, des Temperaturgefälles und des stündlichen Abgasgewichtes auf den Temperaturverlust und zeigt, daß sie unter Umständen gewaltig sein können. Es muß angenommen werden, daß die in der zweiten Spalte angegebenen Innentemperaturen Mittel darstellen derer, die die Gase beim Eintritt und beim Austritt aus dem Schornstein haben.

D. Gebläse.

Wenn aus irgendeinem Grunde die Luftbewegung in einem Trockenapparat nicht durch einen Zugkanal oder einen Schornstein bewirkt werden kann, so geschieht es durch ein Gebläse, und weil, wie wir gesehen haben, im allgemeinen hier nur geringe Druck- oder Saugwirkungen verlangt werden, so reichen entweder Schrauben- oder Schleudergebläse dafür aus, während Kolbenpumpen, Kapselräder, Turbogebläse nicht in Frage kommen. Da bei solchen Trockenanlagen fast stets auch Wärme für die Luft verbraucht wird, so kann, wenn die Maschinen mittelbar oder unmittelbar durch Dampf bewegt werden, ihre Abwärme zweckmäßig verwendet werden, so daß sie keineswegs unwirtschaftlicher als Schornsteine arbeiten müssen. Es kann aber auch das Gegenteil zutreffen und hängt von den Umständen des einzelnen Falles ab.

Es genügt fast stets ein Gebläse, denn durch zwei solche, deren eines etwa vor dem Trockenraume, das andere hinter ihm arbeitet, kann die Menge der geförderten Luft nicht vergrößert werden. Zwei Gebläse könnten nur dann erforderlich sein, wenn die Hindernisse der Luftbewegung (der zu erzeugende Zug oder Druck) so groß werden, daß sie durch ein Gebläse nicht überwunden werden können, aber dieser Fall wird äußerst selten eintreten, und es kann wohl auch dann durch Verbesserung der Luftwege die Notwendigkeit des zweiten Gebläses beseitigt werden.

Durch eintretenden Wandel der äußeren Umstände, wie veränderte Menge des Trockenguts und seiner Feuchtigkeit, oder Fall oder Steigung der Lufttemperatur kann auch eine Vermehrung oder Verminderung der stündlich zu bewegenden Luftmenge erforderlich werden, die dann am besten nicht durch regelbare Schieber, Klappen oder Drosseln, sondern durch Änderung der Umdrehungszahl des Gebläses erfolgt.

Schraubengebläse werden solche Luftfördermaschinen genannt, die im wesentlichen aus einem ringförmigen Rahmen mit einem sich darin drehenden Schraubenrade bestehen, das der Luft seinen ganzen Querschnitt als Durchgang gewährt, sie in seiner Achsenrichtung ansaugt und fortdrückt. Die Schraubengebläse sind einfacher, kleiner und billiger als die sogleich zu besprechenden Schleudergebläse, aber sie können auch nur einen kleinen Luftdruck oder Saugzug $Z = 2 \div 6$ mm WS. hervorrufen und haben einen geringen Wirkungsgrad von etwa $\eta = 0,25$. Bedeutet V_L die stündlich zu fördernde Luftmenge in cbm, L ihr Gewicht, T ihre absolute Temperatur, v_a ihre Geschwindigkeit durch das Rad in axialer Richtung, die gewöhnlich etwa $v_a = 8 \div 10$ m/sek angenommen wird, so folgt der äußere Durchmesser D_a des Rades aus:

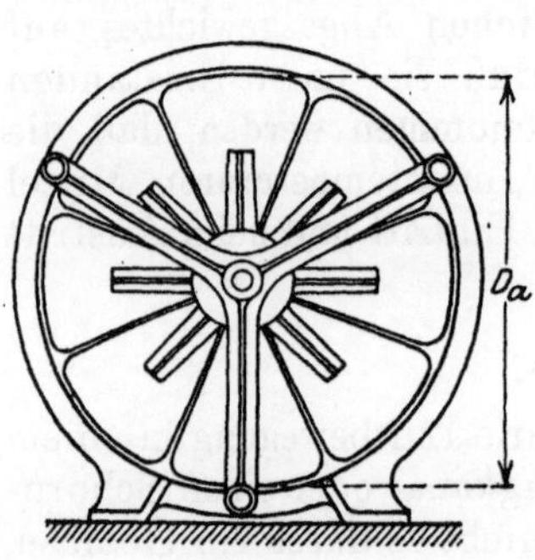

Fig. 5.

$$\frac{D_a^2 \cdot \pi}{4} \cdot 3600 \cdot v_a = V_L$$

$$D_a = 0,019 \sqrt{\frac{V_L}{v_a}} = 0,001 \sqrt{\frac{L \cdot T}{v_a}} \quad . \quad . \quad (78)$$

Über die Beziehung des Luftvolumens zu ihrem Gewicht siehe Tabelle X und XII. Den Kraftbedarf für die Luftförderung in PS. gibt die Gleichung (79):

$$N = \frac{V_L \cdot Z}{75 \cdot 3600 \cdot \eta} \quad \ldots \ldots \ldots \quad (79)$$

und wenn in diese Z = 6 (mm WS.) und $\eta = 0{,}25$ gesetzt wird:

$$N = 0{,}0000881 \cdot V_L \quad \ldots \ldots \ldots \quad (80)$$

Wenn die Umdrehungszahl n, wie es meistens geschieht, etwa $n \cong \frac{500}{D_a}$ gewählt wird, so gibt die nachfolgende kleine Tabelle einige Auskünfte über Schraubengebläse; da aber ihre wirklichen Leistungen doch öfter auch wegen der nicht immer genau vorherzusehenden äußeren Umstände hinter den errechneten zurückbleiben, ist es zweckmäßig, ihre Abmessungen für den Gebrauch etwas größer zu wählen. Der für die verfügbare Abwärme angegebene Betrag ist reichlich hoch. Bei guten Dampfmaschinen wird er geringer sein.

Erforderlicher Durchmesser D_a, Pferdestärken PS. und stündliche Dampfabgangswärme von Schraubenradgebläsen für 1000 ÷ 20000 cbm/stunde Leistung, bei einem Druck von Z = 6 mm WS. und n Umdrehung/min.

Stündliche Luftförderung in Kubikmeter V_L.

		1000	2000	4000	6000	8000	10 000	12 000	14 000	16 000	18 000	20 000
$v_a = 8$	$D_a =$	210	300	430	520	500	672	730	790	850	890	950
	n =	2350	1665	1165	950	830	745	685	635	590	560	526
$v_a = 10$	$D_a =$	190	270	380	465	537	600	660	710	760	805	850
	n =	2500	1850	1315	1075	930	830	760	705	650	620	590
Abdampf	PS.	**0,09**	**0,18**	**0,37**	**0,55**	**0,70**	**0,90**	**1,06**	**1,25**	**1,40**	**1,60**	**1,77**
	WE.	690	1260	2590	3850	4900	6300	7420	8750	9800	11 200	12 390

Beträgt der vom Schraubengebläse hervorzurufende Druck nicht Z = 6 mm WS., sondern nur Z = 4 mm oder Z = 2 mm, so sind die Umdrehungszahlen n und Pferdestärken PS. mit 0,8 **bzw.** 0,6 **zu multiplizieren.**

Schleudergebläse sind Luftfördermaschinen, bei denen die Luft in die Mitte des laufenden Rades eintritt und durch die ihr mitgeteilte Fliehkraft in einen das Rad umgebenden, sich bis zu seinem Ausgang allmählich erweiternden Kanal gedrückt wird. Schleudergebläse können Saug- und Druckwirkungen bis zu Z = 400 mm WS. hervorrufen, aber bei Trockenanlagen werden mehr als Z = 200 mm kaum je erforderlich sein. Die erreichbare Luftpressung hängt dabei vom Kubikmetergewicht γ_i der Luft und der Umdrehungszahl des Rades n ab, sinkt also bei unverändertem n mit steigender Temperatur und ist deshalb etwas geringer, wenn das Gebläse die aus einer Trockenanlage fortgehende warme Abluft saugen soll, als wenn es die kalte Luft in sie hineinzudrücken hat. Deshalb ist es auch vorteilhafter, das drückende Gebläse vor, nicht hinter der Luftheizfläche anzuordnen. Die erreichbare Saug- oder Druckwirkung wird aus der Gleichung (81) gefunden:

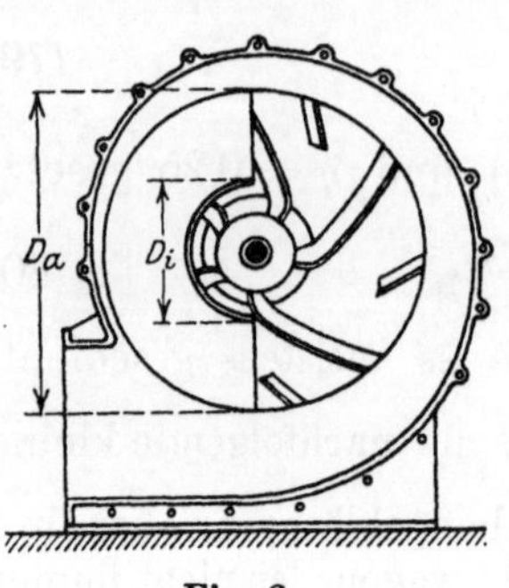

Fig. 6.

$$Z = \mu \frac{u^2 \cdot \gamma_i}{g} \quad \ldots \ldots \ldots \quad (81)$$

in der u die Umfangsgeschwindigkeit in m/sek der äußeren Schaufelkante und μ einen Festwert bedeutet, der je nach der Schaufelform etwas schwankt (für rückwärts gerichtete etwas kleiner, für vorwärts gerichtete etwas größer ist) und für in radialer Richtung endende Schaufeln nicht höher als $\mu = 0{,}6$ gewählt werden darf. Den Einfluß des Luftgewichtes auf den Zug Z und die Umdrehungszahl n verdeutlicht die nachfolgende kleine Zusammenstellung:

Ist die Lufttemperatur t =	−20	0	20	30	60	100 °C
Daher das Gewicht der gesättigten Luft γ_L . . =	1,390	1,288	1,194	1,148	0,981	0,606 kg
so ist $\frac{Z}{n^2}$ . . . . . . =	0,0810	0,0767	0,0731	0,0670	0,0572	0,0353
und das Verhältnis . . =	1,11 :	1,05 :	1 :	0,917 :	0,782 :	0,483

Im Abschnitt 7 ist gezeigt worden, daß es im allgemeinen wirtschaftlicher ist, im Trockenraum einen Unterdruck zu erhalten, daß es also etwas vorteilhafter ist, die Luft aus ihm abzusaugen, als sie in ihn hineinzudrücken, allein die dann erforderliche Vergrößerung der Umdrehungszahl des Gebläses muß dabei in Erwägung gezogen werden.

Nach der Gleichung (82) ist die Umfangsgeschwindigkeit u am äußeren Ende der Schaufeln:

$$u' = \sqrt{\frac{Z \cdot g}{\mu \cdot \gamma_L}} \quad \ldots\ldots\ldots\ldots \quad (82)$$

und wenn mittelfeuchte Luft von 20^0 angenommen wird:

$$u = \sqrt{1{,}363 \cdot Z} = 3{,}7\sqrt{Z} \quad \ldots\ldots \quad (83)$$

so daß, um Saug- und Druckwirkungen zu erzeugen,

von Z = 10 50 100 150 200 mm WS.

die Umfangsgeschwindigkeit sein muß

u = 11,7 26 37 45,2 52,4 m/sek.

Aus der Eintrittsgeschwindigkeit der Luft in die Mitte des Rades, die etwa $V_\varepsilon = 8$ m/sek gewählt werden darf, folgt der innere Durchmesser D_i der Gehäuseöffnung und hieraus der äußere Schaufeldurchmesser

$$D_a \cong 2 \cdot D_i \quad \ldots\ldots\ldots\ldots \quad (84)$$

Die minutliche Umdrehungszahl des Rades ist:

$$n = \frac{60 \cdot u}{D_a \cdot \pi} \quad \ldots\ldots\ldots\ldots \quad (85)$$

Die erforderliche Leistung in PS. wird aus der Gleichung

$$N = \frac{V_L \cdot Z}{75 \cdot 3600 \cdot \eta} \quad \ldots\ldots\ldots \quad (86)$$

gefunden, in der $\eta \cong 0{,}5$ die mechanische Nutzwirkung bedeutet.

Die nachfolgende Tabelle zeigt als Beispiele die Ergebnisse einiger mit diesen Gleichungen ausgeführter Berechnungen:

Schleudergebläse (siehe Seite 118).

Raddurchmesser D_a, Umdrehungszahl n, Pferdestärken PS. von Schleudergebläsen für stündliche Förderung von $V_L = 1000 \div 20000$ cbm und Druck- oder Saugwirkungen von $Z = 10 \div 200$ mm bei mittelfeuchter Luft von 20° C.

h mm	$V_i =$	1000	2000	4000	6000	8000	10 000	12 000	14 000	16 000	18 000	20 000
	$D_i =$	218	300	420	515	595	665	730	785	840	885	940
	$D_a =$	**400**	**475**	**675**	**800**	**950**	**1000**	**1100**	**1200**	**1300**	**1400**	**1500**
10	n =	556	470	330	278	235	225	205	185	175	160	150
10	N =	**0,075**	**0,148**	**0,296**	**0,444**	**0,592**	**0,740**	**0,889**	**1,05**	**1,18**	**1,33**	**1,48**
50	n =	1240	1045	735	620	525	450	405	415	380	355	330
50	N =	**0,35**	**0,74**	**1,48**	**2,22**	**2,96**	**3,70**	**4,5**	**5,20**	**5,9**	**6,6**	**7,4**
100	n =	1765	1490	1050	865	750	705	645	585	545	505	470
100	N =	**0,75**	**1,48**	**2,96**	**4,49**	**5,92**	**7,40**	**8,89**	**10,4**	**11,8**	**13,3**	**14,8**
150	n =	2150	1820	1280	1075	915	860	785	720	665	615	575
150	N =	**1,09**	**2,22**	**4,44**	**6,71**	**8,88**	**11,1**	**13,5**	**15,6**	**17,5**	**20**	**22**
200	n =	2485	2100	1480	1245	1055	995	905	830	765	710	665
200	N –	**1,48**	**2,95**	**5,90**	8,98	**11,82**	**1,48**	**17**	**20,8**	**23,5**	**26,6**	**29,5**
Abdampf =		Etwa 7000 WE. für die Stunde und Pferdekraft, eher weniger.										

Weil mangels hinreichend bekannter Versuchsergebnisse die Berechnungen der Schleudergebläse nicht auf ganz zuverlässigen Grundlagen beruhen, ist zu empfehlen, bei der Wahl eines Gebläses für bestimmte Leistung alle Einzelteile reichlicher, als hier angegeben, zu wählen.

E. Einige Beobachtungen über Lufttrocknungen aus der Literatur und vom Verfasser.

Die eingeklammerten ( ) Ziffern beziehen sich auf die Literaturzahlen.

Bagasse (1) enthält, wenn sie aus der Diffusion kommt, $78 \div 80\%$ Wasser, wenn aus der Presse mit Imbibition: $55 \div 70\%$ Wasser, nach doppelter Pressung $45 \div 55\%$. Sie trocknet an der Sonne und kann mit $35 \div 50\%$ Wasser verfeuert werden.

Biertreber, die etwa 76% Wasser enthalten, können durch Abpressen vor dem Trocknen auf 35% Feuchtigkeit gebracht und mit Luft von $50 \div 60°$ auf $10 \div 13\%$ getrocknet werden.

Versuch (26): 3100 kg Malz gaben 3945 kg nasse Treber, wovon 1402 kg Flüssigkeit abgepreßt wurden (35 %). Im Trockenapparat wurden 1601 kg (40 ÷ 47 % der Naßtreber) Wasser verdunstet, in 3,5 Stunden. Rest 942 kg (30 % vom Malz) mit 12,1 % Wasser. Kondenswasser 77°. Kraft 1,3 kW. Dampf 193 ÷ 200 kg / 100 kg Trockentreber. Wärmeausnützung 91,8 %.

Blumen (2) können am besten an der Sonne getrocknet werden.

Braunkohle (3) enthält 55 ÷ 57 % Wasser, getrocknet 13 %. — Ihre spezifische Wärme ist: naß = 0,656, trocken = 0,304 ÷ 0,308. — Ein Schulztrockner mit Rohren von 95 Dr. 7000 Länge, deren Heizfläche zu 31,75 % von Kohle, zu 68,25 % von Luft berührt wird, verdunstet 3,86 kg/st. Wasser und liefert 3,55 kg/st. Brikett mit Dampf von 3,8 Atm. abs. k = 2685 ÷ 2705 WE. Dazu sind 2,8 kg Luft von 95° für 1 kg Wasser erforderlich. — Mit Rolffscher Wendeleiste leistet er 3,5 ÷ 4,35 kg/st. Brikett, 4,62 kg/st. Wasser. k = 3240. — Durchsatzzeit 25 Min. — 1 qm Tellertrockenapparat leistet etwa 2,3 kg/st. Wasser.

Eier. Durchschnittlich wiegt ein Hühnerei 60 g, davon Eiweiß 60,4 %, Eigelb 28,9 g, Schale 10,6 %. Das Eiweiß enthält 86,8 %, das Eigelb 50,6 % Wasser. Das Trockenei hat Eiweiß 4,2 g, Eigelb 7,2 g (zusammen 11,4 g). 230 ÷ 290 Stück geben 1 kg trocknes Albumin. — Trockentemperatur 40 ÷ 50°.

Fleisch in Stücken von 2 Kilo trocknet in etwa 10 Stunden durch Luft von 40° auf einen Wasserverlust von 40 ÷ 45 %. Im Vakuum mit Salz behandelt bei 40° in Stücken von 2 ÷ 5 Kilo in 60 ÷ 72 Stunden.

Futterstoffe. Kartoffelkraut gibt von 4 Zentnern etwa 1 Zentner trocken. — Rübenblätter (etwa 40 ÷ 50 Zentner je Morgen) geben 7 Zentner etwa 1 Zentner trocken (7 h). — Eicheln haben frisch 50 %, geschält 35 %, getrocknet 15 % Wasser (7 g). — 1 qm Darre trocknet in 24 Stunden etwa 5 Zentner Klee, Gras, Schnitzel, Kastanien, Lupinen (7 d).

Gemüse (7 k) sollte keiner höheren Temperatur als 50° ausgesetzt werden und nicht länger als 50 Minuten; das Blauschieren schädigt den Gehalt, das Gewicht und die Farbe. Kohlrüben (7 l) ergeben nur 6 % Trockenrüben mit 14% Wasser. — 1 qm Darre (7n) mit selbsttätigem Wender trocknet in 16 Stunden mit Luft von 50÷60° etwa 25 Kilo Möhren. 150 Zentner Möhren fordern dabei 50 Zentner Braunkohlen (5000 WE.) und 60÷80 KW in 24 Stunden. — Roßkastanien (7m) haben frisch 49,2% Wasser, trocken 18,8% Wasser, geschält frisch 51%, trocken 10,5%. — Von Futterüben (7i) geben 8÷11 Zentner nur 1 Zentner trocken mit 12% Wasser. — Wassergehalt der Gemüse (7p) und wieviel Zentner trocken 1 Zentner frisch liefern kann: Weißkohl 91% (0,1), Rotkohl 90% (0,11), Wirsingkohl 88% (0,11), Zwiebeln 87% (0,13), Sellerieblätter 82% (0,18), Sellerieknollen 86% (0,14), Spinat 92% (0,075), Schoten 78% (0,26), Kohlrabi 86% (0,135), Karotten 87% (0,125), Steckrüben 88% (0,115), Kartoffelschalen 78% (0,22). Siehe auch (7s). — Bei der Trocknung von Gemüse durch die zur Kühlung der Turbodynamos (Duisburg) verwendeten Luft liefern Drahthorden je 1 qm in 300 mm Entfernung in 4÷5 Stunden 10 Kilo Gemüse. Über die Leistung der Darre siehe (7t). — Üblich ist: Waschen, Schneiden, ganz kurze Zeit aufwellen. Mit Luft von 70° auf das ganz nasse, mit 60° nach gewärmter Luft auf das vorgetrocknete Gemüse in 2½ Stunden auf 8÷9% Wasser trocknen. Farbe, Quellung, Geschmack bleiben erhalten. Luftbedarf etwa 4700 cbm/100 Kilo nasses Gemüse.

Getreide hat oft 29÷30% Wasser, darf aber nicht mehr als 12÷14% behalten. Es darf bei künstlicher Trocknung nicht wärmer als 50° werden (5), die Lufttemperatur für backfähiges Getreide 250°, für keimfähiges 200÷150°, bei 60° bzw. 55÷50° Abluft nicht überschreiten (4). — Eine Trommel 2000 D. 10000 l trocknete 2500 kg/st. Weizen mit 20÷25 (7500 WE.) kg Kohle für 1000 kg (5). — Getreide soll nicht schneller als in 1 Stunde, besser in 1,5÷2 Stunden getrocknet werden, und zwar im Gleichstrom. Eine Darre von 2 × 81 qm trocknete bei Aufschüttung von:

170 mm 185 Zentner in 6 Stunden von 15,7÷6,8% Wasser mit Luft von 31÷56° und 1,7 kg Kohle,

90 mm 100 Zentner in 4 Stunden von 18÷9,2% Wasser mit Luft von 38÷54° und 1,6 kg Kohle (7400 WE.).

(6). Bei zahlreichen Versuchen mit Trommelapparat und Koksfeuer trockneten Weizen und Roggen von etwa 19,8÷16÷13 % um 4÷7 % bei Lufttemperaturen von etwa 200÷40, 150÷48, 110÷33° mit 3,6; 4,4; 9,1; 12,1 m. Geschw. mit 7, 5, 4 Cub./Zent. Luft und 1,0÷1,95 kg/Zent. Kohle (6500 WE.) in Trommeln von 1000÷1600 Dr. und 4000÷8000 Länge. — Eine schräge Darre (Topf) trocknete mit durchgesaugter Luft von 50÷60° Getreide, das zuerst 1 Stunde 400 mm hoch, danach 1 Stunde 600, danach noch 2 Stunden 800 mm hoch (zusammen 4 Stunden) aufgeschüttet war, von 15,8÷10,5 % Wasser und war 40÷50° warm. — Sievers' Apparat leistete 713 kg in 1,5÷2,0 Stunden mit Luft von 70÷80° von 19,6÷15,6 % Wasser.

Gewebe enthalten ganz naß etwa 75 % Wasser, mit der Hand ausgerungen etwa 60 %, zentrifugiert etwa 45÷50 % Wasser. — Lufttemperatur beim Trocknen 40÷50° C.

Heu (7).

Holz (8). Das Holz selbst soll frei und luftumspült gelagert, nie wärmer als 65° werden, die Trockenluft nicht wärmer als 30÷40° sein (8). Das Trocknen soll langsam geschehen, bei dünnem Holz in 5÷8 Tagen, bei gröberem in 14÷30 Tagen. Es ist vorteilhaft, das Holz durch schwach gespannten Dampf zu erwärmen und zu befeuchten, wobei es den Saft verliert. — Frisch gefälltes Holz enthält je nach der Fällzeit 25÷35 % Wasser, lufttrocken 10÷20 %, lange gewässertes Holz bis 60 %.

Kadaver (7u).

Kartoffeln (7b, 9, 10, 11). Zahlreiche Versuche mit Trommeltrocknern ergaben etwa folgendes:

Trommeln	Ztr. Kart.	Feuchtigk. d. Schnitzel	Stärke-gehalt	Verhältnis Kart. : Tr.gut	Gastemp.	Koks	Kohlen	PS.
1,5×7,51	29,9	14 %	17,7 %	3,5 : 1	400÷72°	1,8 (7274 WE.)	6 (6647)	15
10×3,75	8,8	10,79	18,5 %	3,5 : 1	400÷72°	6,25 (3505)	—	9
—	37	—	18,5 %	3,6 : 1	—	4,39	3,6 (6460)	22,5
—	8,26	10,25	19	3,61 : 1	175÷70°	—	4,85	—
2×7	88,3	15,91	16,8	4,17 : 1	—	5,71	—	1,31
Luft-trommeln	21	14,8	16,5	3,75 : 1	163÷?	4,75 (7350)	0,44	—

(7b). Im Durchschnitt leistet ein Trommeltrockner 16 Zentner st bei 20,4 % Stärke, Flocken 14,6 % Wasser bei 0,64 PS, 7 kg Steinkohle (6200). — (7e). Trommel 700 Dr., 2000 lg., 5,85 Atm., Trockenluft 242° leistete 691,2 kg/st Kartoffeln und gab 177,3 kg Flocken mit 11,55 % Wasser—17,75 Stärke. 430,8 kg/st Dampf (62,3 kg Dampf für 100 kg) (7v, 7w).

Kastanien (7s) enthalten frisch 46 % Wasser. Das Entbittern (Wässern) dauert 2÷3 Tage.

Klärschlamm aus Kanalrückständen: 7416 kg roh ergaben 1016 kg trocken (87,5÷6,5 % Wasser). Aus 2296000 kg (66,5 % Wasser) vorbehandeltem Schlamm wurden 95100 kg trockener Schlamm (19,1 % Wasser) = 17,15 % vom feuchten mit 165200 kg Kohle. — Aus 3774000 kg (99 %) wurden 43230 kg (10 %) Trockenerzeugnis.

Klärschlamm (25). Hat oft nur 1 % Trockenstoff, oft 4÷7 % und kann durch Schleudern auf 30÷40 % gebracht werden (ter. Mer.-Abt.). In Trommel von 2000 Dr., 21000 Länge durch Luft von 200÷300° auf 75 % gebracht, hatte er 2250 WE./kg. Es gaben 900 Kilo 23,5÷24,5 cbm Gas mit 4100÷4500 WE.

Klee (24). Versuch mit 4 Darren je 8 qm, von denen nur 1÷3 im Betrieb waren:

ungehäckselt, tags vorher gemäht:

3,5 Ztr. in 2,5 St. auf 0,76 Ztr. getr., d. h. 1,4 Ztr.—21,7 % Rest

tags vorher gemäht:

3,5 Ztr. in 2,25 St. auf 0,76 Ztr. getr., d. h. 1,55 Ztr.—21,7 % „

frisch gehäckselt:

2,1 Ztr. in 1,55 St. auf 0,51 Ztr. getr., d. h. 1,33 Ztr.—24,3 % „

frisch gemäht:

2,8 Ztr. in 1,17 St. auf 0,63 Ztr. getr., d. h. 2,4 Ztr.—22,5 % „

Kohlenverbrauch 11,8 Kilo/Zent. Naßgut. Luft 77÷104° im Heizkanal. Farbe grün geblieben. Häckseln vor dem Trocknen beschleunigt das Trocknen. Bei regelmäßigem Betriebe würde der Koksverbrauch sinken.

Leimbrühe hat 85÷90 % Wasser; eingedampft 65÷70 %, mit Luft von 25÷35° getrocknet: 10 % Wasser.

Lohe hat gewöhnlich 50 % Wasser, bisweilen bis 90 %.

Lupinen verlieren beim Entbittern 14 %.

Mais (4) (Körner). Eine Trommel 2300 Dr. 17000 lg. trocknete 2400÷3000 kg/st. von 20÷10 % (bzw. 23÷15 %) mit 2,3 % Braunkohle (6800 WE.). — Eine Trommel 2000 Dr. 10000 lg. leistete 1400÷3600 kg/st. von 20÷14 % Wasser. — (Kolben.) Trommel 2300 Dr. 17000 lg. trocknete 1666 kg/st. von 30÷8 % (auch bis 6 %) mit 28÷20 % Braunkohle (5000 WE.).

Milch. Sie enthält 88 % Wasser. Getrocknete Vollmilch behält 1,4 % Wasser, getrocknete Magermilch (aus 11 kg 1 kg trocken) hat noch 7 % Wasser (12). — Trufood-Verfahren (1906) macht die Milch 150÷200° warm, die Heizluft nur 78÷80° (12).

Mohrrüben (9). Trommel 1500 × 5700 lg. trocknete 350 kg/st. zu 83,5 kg von 89,24÷10,64 % Wasser mit Luft von 400÷100° C.

Obst (7o). Die Höchsttemperatur ist für Kernobst anfangs 85÷90°, herabgehend bis 60÷70°; Stein- und Schalobst höchstens 70°. — Haselnüsse enthalten 20÷30 % Wasser, das aufzutrocknen ist. 2500÷2800 Liter wiegen mit Schalen 1000 kg. — Wassergehalt der Äpfel (7p) 84,8÷27,9 %; Birnen 83÷29,4 %; Pflaumen 81,2÷29 % trocken. — Horden von 6 qm trocknen in $2^1/_2$—$2^3/_4$ Stunden mit Luft von 75÷80° etwa 75 Kilo Apfelschnitte von 2÷3 mm Dicke (22). — Bei Trocknung mit Elektrizität wurden 41,8 Kilo Wasser mit 110 kW verdunstet, das ist 2246 WE. für 1 Kilo Wasser.

7,2	Kilo	Kirschen	auf	2	Kilo	mit 12	kW/st
7,0	„	„	„	2,5	„	„ 18	„
14,5	„	„	„	4,7	„	„ 23,8	„
2,5	„	Spinat	„	0,2	„	„ 5,3	„
1,4	„	Mangold	„	0,1	„	„ 4,7	„

Papier (13). Gutes Papier 1800 breit, 1400 g je qm mit 10 % Leinwasser getränkt, trocknete im Luftstrom von 25° in 1 Stunde bei 2400 qm einseitiger Oberfläche.

Pappe. Etwa 50÷65 % Wasser.

Pülpe (10) von Kartoffeln hat 86 %, von Weizen 84,6 %, von Mais 75,2 %, von Reis 96 % Wasser. Vorgepreßt auf 80÷76 % bleiben nach dem Trocknen 10÷14 % Wasser.

Pudrette. Je Kopf und Jahr 985 kg einschließlich Wasser geben getrocknet 34÷40 kg Trockenstoff.

Rübenschnitzel. Enthalten 83÷85 %, vorgepreßt noch 70÷65 % Wasser; getrocknet 12÷14 % (4). — Eine Trommel 2000 Dr. 10000 lg. leistete 416 kg/st. mit 10 % Steinkohle (6500 WE.). Lufttemperatur 800÷100° oder 450÷85° C.

Rübenblätter (1). Mit etwa 85 % Wasser werden sie im Verhältnis wie 3÷5 : 1 wie Rüben getrocknet. Es gaben

34880	27730	24580	19525 kg frische Blätter
10000	8900	1550	5830 „ trockne „

Rübensamen hat 20÷37 % Wasser.

Salz (Koch-). Abgetropftes enthält noch 10÷14 %, abgenutschtes 8÷10 %, abgeschleudertes 2÷4 %, ganz trocknes 0,02 % Wasser. — Auf der Darre 3 Stunden getrocknet, hat es noch 3÷4 % Wasser. — In einer Trommel 1500 × 6000 mit Luft von 80—90° trocknet es in 15 Min. von 3 % auf 0,02 %. — Dieselbe Trommel trocknete mit 90 cbm Luft minutlich von 125÷60° stündlich 333 kg Salz von 14 % auf 0,03 %. — Eine ähnliche Trommel leistete 625 kg Salz stündlich von 4÷0,05 % mit Luft von 80÷90°.

Sand mit 14,8 % Wasser wog 1,92 kg/Liter (14).

Schilf (24). Vier Darren je 2 × 4 = 8, zusammen 32 qm empfingen 10 Zentner zu Stücken von 1 cm gehäckseltes Schilf, das in 1,55 Stunden auf 2,12 Zentner (mit noch 10 % Wasser) trocknete. 1 qm Darre trocknete stündlich 0,18 Zentner feuchtes Schilf und verdunstete 2,7 ℔ Wasser/st. Das Gebläse hatte 1000 Dr., die Luft dicht über dem dampfgeheizten Körper 110°, dicht vor der Darre 87÷95°.

Schlamm (16). Faulschlamm hat 90÷95 % Wasser, behält nach Abstehen in etwa 20 Tagen noch 56 % Wasser. — Zentrifugiert oder durch Filterpressen gedrückt, behält er noch 80 % Wasser.

Schlempe (17) hat von Roggen 92,4 %, Mais 91,3 %, Kartoffeln 94,3 % Wasser und ist auf 10 % Wasser zu trocknen.

Seide (15). Geschieht die Trocknung in doppelwandigen Gefäßen, so sei die Temperatur des Dampfes 108°. — Geschieht sie mit strömender Luft, so sei deren Temperatur 130°.

Seife. Enthält 40÷45 % Wasser und soll auf 15÷20 % abgetrocknet werden. — Parfümerieseife von 30 % auf 10 % Wasser.

Stärke. Feuchte hat 60%, trockne 20% Wasser.

Tabakblätter sollen nach wochenlanger, in gegen Regen, Nebel, Schnee geschützten luftigen Räumen (Speichern) mit natürlicher (sehr selten vorgewärmter) Luft erfolgtem Trocknen noch 12÷15% Wasser enthalten. Das Spalten der Mittelrippe mit einem scharfen Messer verkürzt die Trockenzeit.

Teigwaren, Nudeln mit etwa 35% Wasser trocknen auf 10%, mit Luft von 25÷40÷50° (je dünner sie sind, desto höher).

Topinambur (1). 3724 kg frisch gaben 1000 kg trocken mit 15% Wasser.

Torf (18, 19, 20). Frischer Torf enthält 85÷90% Wasser, trocknet an der Luft auf 22÷26% Wasser ab. Sein hygroskopischer Wassergehalt nimmt bei Erwärmung von 0÷100° gleichmäßig von 26÷0% ab. Z. B. behält er bei 50° noch 13%, bei 60° noch 10%, bei 70° noch 7,8% Wasser. — Die Trockenluft darf 350÷400° warm sein, die Abluft bei 60° gesättigt, bei 70° noch $^3/_4$ gesättigt. — Getrockneter Torf mit 10% Wasser nimmt an der Luft wieder bis 25% Wasser auf.

Wäsche. Nasse Wäsche enthält etwa so viel Wasser wie ihr Trockengewicht beträgt. — Eine Schleuder oder eine gute Wringmaschine entfernen davon 45÷50%. Mit der Hand kann nicht so viel Wasser daraus abgepreßt werden. — Heizlufttemperatur 45÷50°.

Weintrester haben 72,5% Wasser.

Ziegel haben 15÷18% Wasser.

Zucker (4). In einem Doppelkanal von 1,5 m Breite, 2,65 m Höhe, 30 m Länge wurden in 72 Stunden 2700 kg Brote von 13,5 kg/Stück mit 750 cbm Luft von 120÷130° bei 12,5 kg/Dampf für 100 kg Zucker getrocknet. Heizfläche 80 qm. Brote von 5 kg/Stück in 48, von 3 kg/Stück in 36 Stunden. — Würfel im gleichen Kanal 40000 kg in 24 Stunden, 6 kg Dampf für 100 kg Zucker. Abluft 65° C.

Zuckerrüben (24). Mit einer Trommel von 1,6 m Dr. Länge wurden in 3,25 Stunden mit 6,43 Kilo Koks stündlich 56 Zentner getrocknet.

Literatur.

1. D. Sidersky, Les Sécheries agricoles.
2. W. Braunsdorf, Das Trocknen der Blumen. 1888.
3. August Eckardt, Das Trocknen der Braunkohle. 1913.
4. C. Henniger, Zeitschrift für die Zuckerindustrie und Landwirtschaft. 1917. S. 295.
5. Dr. J. F. Hoffmann, Sicherung der Getreideernte.
   Derselbe, Arbeiten der Deutschen landwirtschaftlichen Gesellschaft. 1914. Heft 265.
6. Dr. Ludwig Kießling, Untersuchungen über das Trocknen von Getreide. Dissertation.
7. Paul Rüters, Die Trocknungsindustrie.
   a) 1911. Nr. 10. 22. 24. b) 1911. S. 42. c) 1911. S. 258.
   d) 1911. S. 297. e) 1911. S. 313. f) 1912. S. 4. g) 1914. S. 87.
   h) 1914. S. 397. i) 1916. S. 283. k) 1917. S. 2. l) 1917. S. 33.
   m) 1917. S. 49. n) 1917. S. 51. o) 1917. S. 171. p) 1917. S. 236.
   q) 1917. S. 333. r) 1918. S. 403. s) 1918. S. 416. t) 1918. S. 447.
   u) 1918. S. 305. v) 1913. S. 36. w) 1913. S. 137.
8. Cours de Technologie par J. Lombard et Masoiel. Bois. Tom. 1. Bd. 1. 1911.
9. E. Parow, Die Kartoffeltrocknerei. 1916.
10. Dr. D. Meyer, Futtermittel und Getreidetrocknung. 1912.
11. Dr. Th. Dietrich, Landwirtschaftliche Versuchstabellen. Bd. 24. S. 171.
    O. Eisener, Entwicklung und Stand des Trocknens landwirtschaftlicher Erzeugnisse. 18.
12. Ernst Freund, Die Trockenmilch.
    Dr. Wagemann, Hildesheimer Molkerei-Ztg. 1917. Nr. 10.
13. Carl Hofmann, Die Papierfabrikation.
    Josef Großmann, Technologie des Holzes. 1906.
14. American Machinist. 13. Juli 1908.
    Cassiers Mag. XXXV. p. 715.
15. Jules Persoz, Essai sur le conditionnement de la soie.
16. Friedr. G. Spiller, Trocknung des Klärschlammes. Dissertation.
17. Dr. J. F. Hoffmann, Wochenschrift für Brauerei. 1908. S. 513. 1911. Nr. 17 u. 18.
    Derselbe, Das Versuchskornhaus u. seine wissensch. Arbeiten. 1904.
18. A. Wihtol, Einige Gesichtspunkte über Trocknen von Torf.
19. Gericke, Z. d. V. d. I. 1905. S. 887.
20. Dr. L. C. Wolff, Z. d. V. d. I. 1904.
21. Thos. G. Marlow, Drying machinery and practice. 1910.
22. Gesundheitsingenieur. 1919. S. 233 u. S. 281 (H. Jordan).
23. Prometheus. 1918. S. 50.
24. Zentralstelle f. d. Trocknungswesen (Direktor Eisner). Privatnachricht.
25. Journal f. Gasb. 1915. S. 115.
26. Bayer. Dampfk.-Rev.-V. 1919. S. 88.

Es kann der Fall eintreten, daß, anders wie sonst, Anfangs- (t_a) und Ablufttemperatur (t_n) bekannt sind (gewählt), die höchste Temperatur (t_h) dagegen gesucht wird, da sie, ohne Schaden oder Schwierigkeiten hervorzurufen, eine gewisse Grenze erreichen darf. Dann kann man so, wie nachstehend gezeigt wird, verfahren und gewinnt aus den Tabellen über Temperatur, Luftgewicht und Wärmeverbrauch einen angenehmen Überblick. Ein Kilo Luft nimmt von der Temperatur t_n bis t_a auf: $d_n - d_a$ kg. Zum Auftrocknen von w Kilo Wasser sind also $L = \frac{w}{d_n - d_a}$ kg Luft erforderlich. Um die Wärme $C_n = C_w + C_r + C_g + C_a$ (aus Wasser, Rückstand, Gestelle, Ausstrahlung) [1. Spalte] abgeben zu können, muß die Luft sich von $t_h - t_n = \frac{w \cdot c + C_r + C_g + C_a}{L\, 0{,}241}$ abkühlen, woraus sich sofort t_h ergibt.

Der Gesamtwärmeaufwand C_s besteht aus dem eben genannten, plus dem der erforderlich ist, um die Luft von t_a auf t_n zu erwärmen (je vierte Zeile). Die nachfolgenden Beispiele liefern alle Angaben: für 100 Kilo Wasserauftrocknung, bei c = 630 WE, Luftgewicht (L), Höchsttemperatur t_h, Wärmeverbrauch (wenn W.C. = 63000, $C_r + C_g + C_a = 5000 \div 50000$ WE ist), dazu $L\, 0{,}241\, (t_n - t_a) = (C_s - C_n)\cdot$ 1) wenn die Außenluft ganz, die Abluft $^5/_8$ gesättigt ist, 2) wenn Außenluft und Abluft $^3/_4$ gesättigt sind für Ablufttemperatur von 20÷70°.

Atmosphärische Luft ganz — Abluft $^5/_8$ gesättigt.

	Ablufttemperatur t_n									
	20°	25°	30°	35°	40°	45°	50°	60°	70°	
	Atmosphärische Luft $t_a = -10°$ C									
$d_n - d_a =$	0,753	0,0109	0,0154	0,02175	0,02884	0,04100	0,05259	0,0944	0,1738	kg
$L =$	13280	9174	6493	4600	3472	2439	1902	1059	576	»
$C_s - C_n =$	96000	77500	62564	49680	41640	32320	27450	17808	11096	WE
C_n =	Höchste Temperatur der Luft t_h:									
68000	41.36	55,73	73,65	96,33	121,2	160,6	198,2	358,5	579,6	° C
73000	72,77	58,00	76,86	100,8	127.2	169,1	209,1	380,4	595,5	»
83000	45,89	62,51	83,28	109,9	139,2	186,1	230,9	424,3	667,6	»
93000	49,01	67,03	89,70	118,9	151,1	203,1	252,7	468,2	739,6	»
103000	52,13	71,55	96,13	127,9	163,0	220,7	274,5	512,2	811,6	»
113000	55,30	76,08	102,6	136,9	174,6	237,1	296,3	556,1	883,6	»
	Atmosphärische Luft $t_a = 0°$ C									
$d_n - d_a =$	0,00538	0,00875	0,01331	0,01900	0,02669	0,03694	0,05044	0,09238	0,17113	kg
$L =$	18587	11420	7519	5263	3745	2710	1984	1083	585	»
$C_s - C_n =$	98500	68700	54369	44396	36100	29370	23760	15600	9828	WE
C_n =	Höchste Temperatur der Luft t_h:									
68000	35,16	46,48	67,53	88,60	115,3	149,0	192,1	320,4	552,5	° C
73000	36,27	51,49	70,29	92,56	120,9	156,6	202,5	339,5	588,0	»
83000	38,50	53,42	75,81	100,5	132,1	171,9	223,4	377,8	659,0	»
93000	40,73	58,75	81,33	108,3	143,2	182,3	244,3	416,1	729,3	»
103000	42,97	62,18	86,86	111,2	154,0	202,6	266,0	454,0	801,1	»
113000	45,20	66,02	92,38	124,0	165,0	217,9	286,2	492,8	872,2	»

	Ablufttemperatur t_n									
	20°	25°	30°	35°	40°	45°	50°	60°	70°	
	Atmosphärische Luft $t_a = +10°$ C									
$d_n - d_a =$	0,00244	0,00491	0,00947	0,01507	0,02258	0,0331	0,04654	0,08849	0,16729	kg
$L =$	40980	20367	10537	6630	4440	3021	2150	1130	598	»
$C_s - C_n =$	98700	73480	50900	39950	32100	25488	20725	13360	8640	WE
C_n ‖	**Höchste Temperatur der Luft t_h:**									
68000	26,87	38,84	63,52	77,50	103,7	138,2	180,8	309,5	541,2	°C
73000	27,37	39,80	64,98	80,62	108,4	145,0	190,4	337,9	575,8	»
83000	28,38	41,90	67,91	86,87	117,8	158,7	209,6	364,6	645,1	»
93000	29,39	43,90	70,50	93,12	127,1	162,4	229,0	401,3	714,4	»
103000	30,40	47,00	72,48	99,38	136,5	186,1	248,0	438,0	783,8	»
113000	31,43	48,50	74,40	105,63	145,9	199,8	267,5	474,7	853,1	»
	Atmosphärische Luft $t_a = 20°$ C									
$d_n - d_a =$	—	—	0,00238	0,00807	0,01576	0,02601	0,03951	0,08145	0,1602	kg
$L =$	—	—	42020	12392	6349	3846	2532	1228	625	»
$C_s - C_n =$	—	—	101220	44400	30605	23150	18290	11800	7520	WE
C_n ‖	**Höchste Temperatur der Luft t_h:**									
68000	—	—	36,72	57,78	84,47	118,4	161.4	289,8	521.5	°C
73000	—	—	37,28	59,40	87,74	123,7	169,6	306,7	554,7	»
83000	—	—	38,29	62,78	94,28	134,5	186,6	340.5	621,4	»
93000	—	—	39,28	66,14	100,8	145,3	202,2	374.3	687,5	»
103000	—	—	40,27	69,50	107,4	156,0	218,8	408,7	753,9	»
113000	—	—	41,27	72,80	113,9	167,0	235,8	441,9	820,3	»
	Atmosphärische Luft $t_a = 30°$ C									
$d_n - d_a =$	—	—	—	—	0,00306	0,01381	0,02681	0,0687	0,1475	kg
$L =$	—	—	—	—	32698	7246	3731	1455	677	»
$C_s - C_n =$	—	—	—	—	78800	26160	17978	10520	6505	WE
C_n ‖	**Höchste Temperatur der Luft t_h:**									
68000	—	—	—	—	48,62	83,9	125,5	253.8	486.1	°C
73000	—	—	—	—	49,26	86,7	131,0	268,3	516,7	»
83000	—	—	—	—	50,50	92.5	142,1	296,5	577.9	»
93000	—	—	—	—	51,80	98,2	153,2	325,0	639,1	»
103000	—	—	—	—	53,00	103,9	164,3	354,0	700,4	»
113000	—	—	—	—	54,30	109,6	175,4	382,1	761,6	»

Atmosphärische Luft 3/4 — Abluft 3/4 gesättigt.

	Atmosphärische Luft $t_a = -10°$ C									
$d_n - d_a =$	0,00973	0,01355	0,01920	0,02570	0,03380	0,04630	0,06380	0,10760	0,18760	kg
$L =$	10275	7380	5208	3891	2958	2159	1567,4	930,0	533	»
$C_s - C_n =$	74000	62213	50200	42010	35680	28500	22620	15717	102870	WE
C_n ‖	**Höchste Temperatur der Luft t_h:**									
68000	47,44	63,23	84,17	107,4	135,4	175,5	229,8	363,2	593,6	°C
73000	49,19	66,02	88,16	112.7	142,2	185,1	242,0	385,5	545,2	»
83000	53,53	71,64	96,14	123,4	156,6	204,4	269,6	325,9	724,0	»
93000	57.60	77.32	104,20	134,1	170,0	223,7	295,3	475,2	803,8	»
103000	61,61	82,89	112,00	145,0	184,3	242,8	321,2	509,4	873,4	»
113000	65,60	88,51	120,06	155,0	201,0	262,0	343,9	564,0	951,4	»

	Ablufttemperatur t_n									
	20°	25°	30°	35°	40°	45°	50°	60°	70°	
	Atmosphärische Luft $t_a = 0°$ C									
$d_n - d_a =$	0,00815	0,01197	0,01762	0,02412	0,03222	0,04472	0,06222	0,10612	0,1861	kg
$L =$	12270	8350	5681	4149	3105	2237	16077	943	537,6	»
$C_s - C_n =$	59100	50760	41060	34940	29930	24190	19370	13670	9075	WE
C_n =	Höchste Temperatur der Luft t_h:									
68000	42,98	58,72	79,63	103,0	130,4	171,2	225,4	359,2	576,3	°C
73000	44,70	61,25	83,36	108,0	137,5	180,6	238,5	381,6	635,7	»
83000	48,05	66,16	90,59	118,0	151,7	199,0	264,4	425,2	712,4	»
93000	51,43	71,42	97,80	128,0	164,1	217,5	290,9	469,2	787,6	»
103000	54,81	76,09	105,2	138,0	177,5	236,0	316,7	503,3	864,1	»
113000	58,19	81,05	112,5	148,0	190,7	254,0	341,5	557,2	941,2	»
	Atmosphärische Luft $t_a = +10°$ C									
$d_n - d_a =$	0,00526	0,00908	0,01472	0,02123	0,02933	0,04183	0,05983	0,10333	0,18323	kg
$L =$	19011	11010	6800	4715	3413	2392	1672	965	546.4	»
$C_s - C_n =$	45790	40000	32776	28650	24654	20148	16099	11600	7890	WE
C_n =	Höchste Temperatur der Luft t_h:									
68000	34,83	50,63	71,48	94,84	142,8	171,7	213,8	350,6	586,5	°C
73000	35,91	52,52	74,53	99,24	148,90	177,4	225,7	368,2	614	»
83000	38,01	56,28	80,63	108,0	156,0	188,6	249,7	404,8	673	»
93000	40,27	60,01	86,73	116,8	163,0	202,8	274,1	441,6	731	»
103000	42,45	64,30	92,83	125,6	170,0	223,2	298,2	478,0	794	»
113000	44,63	67,60	98,93	134,4	177,0	250,5	322,0	518,0	852,0	»
	Atmosphärische Luft $t_a = 20°$ C									
$d_n - d_a =$	—	0,00877	0,01173	0,01823	0,02633	0,03883	0,05633	0,10023	0,18023	kg
$L =$	—	11402	8540	5495	3800	2577	1776	1000	555	»
$C_s - C_n =$	—	13720	20490	21460	18316	15650	12797	9640	6690	WE
C_n =	Höchste Temperatur der Luft t_h:									
68000	—	49,75	63,08	86,3	113,9	154,5	208,9	342,2	577,9	°C
73000	—	51,57	65,47	90,1	119,1	162,5	220,4	362,9	616.3	»
83000	—	55,18	70,38	97,6	130,0	178,6	244,0	404,4	686,0	»
93000	—	58,85	75,10	105.2	140,9	194,7	267,1	445,9	764,7	»
103000	—	62,19	80,06	112.8	148,7	210,8	290,5	487,5	839,4	»
113000	—	66,13	84,92	129,9	162,7	226,9	314,0	529,0	914,1	»
	Atmosphärische Luft $t_a = 30°$ C									
$d_n - d_a =$	—	—	—	0,00650	0,01460	0,02710	0,04460	0,08850	0,16840	kg
$L =$	—	—	—	15384	6849	3690	2242	1130	595,3	»
$C_s - C_n =$	—	—	—	18550	20840	13320	10845	8170	5735	WE
C_n =	Höchste Temperatur der Luft t_h:									
68000	—	—	—	53,33	81,20	121,5	175,8	319,5	543,9	°C
73000	—	—	—	54,68	84,23	127,2	185,4	327,9	577,8	»
83000	—	—	—	57,36	90,29	138,4	203,5	364,6	648,5	»
93000	—	—	—	60,06	96,35	149,8	222,0	401,2	718,2	»
103000	—	—	—	62,75	102,4	161,0	240,6	438,0	787,9	»
113000	—	—	—	65,45	108,5	172.0	259,1	474.7	857,6	»

Tabelle I. (Siehe Seite 11.)

Spannungen und Kubikmetergewichte des gesättigten

Wassergewicht in 1 kg Luft bei den absoluten Drucken (Barometerständen) von

wenn die Luft ganz mit

1	2	3	4	5	6	7	8	9	10	11
Temperatur	1 cbm gesättigter Dampf wiegt γ_d	Spannung des gesättigten Dampfes p_d	Spannung der Luft allein nach Abzug der Dampfspannung — bei dem Barometerstande von			1 cbm trockene Luft wiegt bei den Spannungen der Spalten 4, 5, 6 und dem Barometerstande			1 kg trockene Luft gesättigten Dampf (d) Spannungen der Spalten dem Barometer-	
			780	760	740	780	760	740	780	760
°C.	kg	mm	mm	mm	mm	kg	kg	kg	kg	kg
--20	0,00106	0,927	779	759	739	1,4256	1,3890	1,3524	0,000743	0,000763
—15	0,00157	1,400	778,6	758,6	738,5	1,4015	1,3655	1,3294	0,00112	0,00115
—10	0,0023	2,093	778	758	738	1,3739	1,3386	1,3033	0,00167	0,00172
— 5	0,0035	3,113	776,9	756,9	736,9	1,3518	1,7178	1,2823	0,00248	0,00254
0	0,00504	4,600	775,4	755,4	735,4	1,3181	1,2832	1,2502	0,00376	0,00387
5	0,00696	6,53	773,47	753,47	733,47	1,2925	1,2589	1,2257	0,00538	0,00553
10	0,00951	9,16	770,84	750,84	730,84	1,2642	1,2332	1,1987	0,00752	0,00771
15	0,01319	12,70	767,3	747,3	727,3	1,2354	1,2050	1,1709	0,0105	0,01080
20	0,01753	17,39	762,61	742,61	722,61	1,2087	1,1770	1,1453	0,0145	0,01480
25	0,02312	23,55	756,46	736,46	716,46	1,1755	1,1445	1,1134	0,0197	0,0202
30	0,0308	31,55	748,45	728,45	708,45	1,1423	1,1168	1,0861	0,02696	0,0275
35	0,0397	41,83	738,17	718,17	698,17	1,1146	1,0845	1,0543	0,0356	0,0366
40	0,0512	54,91	725,09	705,09	685,09	1,0760	1,0463	0,0207	0,0476	0,0489
45	0,0657	71,40	708,60	688,6	668,6	1,0346	1,0054	0,9751	0,0635	0,0653
50	0,0834	91,98	688,02	668,02	648,02	0,9894	0,9610	0,9318	0,0843	0,0868
55	0,1045	117,98	662,52	642,52	622,52	0,9355	0,9070	0,8797	0,1117	0,1152
60	0,1311	148,79	631,21	611,21	591,21	0,8774	0,8497	0,8219	0,1495	0,1540
65	0,1623	186,94	593,06	573,06	553,06	0,8156	0,7880	0,7605	0,1989	0,2060
70	0,1992	233,09	546,91	526,91	506,91	0,7383	0,7115	0,6844	0,2696	0,2799
75	0,2440	288,50	491,50	471,50	451,50	0,6562	0,6295	0,6027	0,3718	0,387
80	0,2958	354,64	425,56	405,56	385,56	0,5600	0,5335	0,5018	0,5282	0,554
85	0,3574	433,04	346,96	326,96	306,96	0,4510	0,4250	0,3991	0,7924	0,840
90	0,4280	525,45	254,55	234,55	214,55	0,3248	0,2992	0,2747	1,3177	1,430
95	0,5110	633,75	146,25	126,25	106,25	0,1846	0,1591	0,1340	2,7681	3,211
100	0,6060	760,00	20,00	0	—	0,0249	0	—	24,3373	0

Tabelle I.

Wasserdampfes und der trockenen Luft,

250—500—740 - 760—780—1140 mm und bei Temperaturen von — 20° bis + 100°, Wasserdampf gesättigt ist.

12	13	14	15	16	17	18	19	20	21	22
enthält bei den 4 5, 6 und stande	Absoluter Druck im Trockenraum $1\frac{1}{2}$ Atm. = 1140 mm			Absoluter Druck im Trockenraum $\frac{2}{3}$ Atm. = 500 mm			Absoluter Druck im Trockenraum $\frac{1}{3}$ Atm. = 250 mm			Temperatur
740	Spannung der Luft nach Abzug der Dampfspannung q_1	1 cbm trockene Luft wiegt γ_1	1 kg Luft enthält gesättigten Dampf d	Spannung der Luft nach Abzug der Dampfspannung q_1	1 cbm trockene Luft wiegt dabei γ_1	1 kg Luft enthält dabei gesättigten Dampf d	Spannung der Luft nach Abzug der Dampfspannung q_1	1 cbm trockene Luft wiegt dabei γ_1	1 kg Luft enthält dabei gesättigten Dampf d	
kg	mm	kg	kg	mm	kg	kg	mm	kg	kg	°C.
0,000783	1139	2,084	0,00050	499,07	0,91	0,00165	249,07	0,455	0,00233	—20
0,00118	1138,6	2,049	0,00076	498,6	0,897	0,00175	248,6	0,447	0,00351	—15
0,00176	1138,4	2,008	0,00115	497,90	0,877	0,00262	247,9	0,438	0,00525	—10
0,00261	1136,9	1,978	0,00169	496,88	0,862	0,00387	246,89	0,429	0,0078	— 5
0,00396	1135,4	1,930	0,00257	495,4	0,842	0,00589	245,4	0,417	0,0119	0
0,00566	1133,5	1,894	0,00367	493,47	0,822	0,00846	243,47	0,407	0,0171	5
0,00795	1130,8	1,854	0,00513	490,84	0,805	0,0118	240,84	0,395	0,0240	10
0,0110	1127,3	1,815	0,00709	487,3	0,785	0,0165	237,3	0,382	0,0340	15
0,0153	1122,6	1,779	0,00981	482,61	0,765	0,0229	232,6	0,378	0,0464	20
0,0207	1116,5	1,735	0,0134	476,45	0,740	0,0312	226,45	0,352	0,0656	25
0,0283	1108,5	1,699	0,0181	468,45	0,718	0,0429	218,45	0,335	0,0919	30
0,0376	1098,2	1,658	0,0239	458,17	0,692	0,0573	208,17	0,314	0,1264	35
0,0501	1085,1	1,610	0,0318	445,09	0,660	0,0776	195,09	0,287	0,1784	40
0,0673	1068,6	1,560	0,0421	428,6	0,626	0,1049	178,6	0,261	0,2517	45
0,0895	1049	1,508	0,0553	408,02	0,586	0,1423	158,02	0,227	0,3674	50
0,1185	1022,5	1,444	0,0723	382,52	0,539	0,1939	132,52	0,187	0,5588	55
0,1590	991,2	1,378	0,0951	351,21	0,488	0,2685	101,21	0,141	0,9300	60
0,2130	953,1	1,311	0,1239	313,06	0,430	0,3774	63,06	0,0867	1,877	65
0,2915	897	1,211	0,1644	266,91	0,360	0,533	16,91	0,0228	8,737	70
0,4050	851,5	1,133	0,2153	211,5	0,282	0,865	—	—	—	75
0,5890	785,4	1,033	0,286	145,36	0,191	1,548	—	—	—	80
0,894	707	0,919	0,388	66,96	0,087	4,108	—	—	—	85
1,557	614,5	0,784	0,546	—	—	—	—	—	—	90
3,813	506,3	0,638	0,801	—	—	—	—	—	—	95
—	380	0,473	1,281	—	—	—	—	—	—	100

Tabelle II. (Siehe Seite 14.)

Wärmeaufwand (Cg oder Cr), um das in Zeile 6 angegebene Rückstands- von seiner ursprünglichen Temperatur t_u

Höchst-temperatur	Spezifische Wärme von R oder von G	Es sollen aufgetrocknet werden aus					
		75	60	50	40	33,3	25
		Es bleibt davon					
		25	40	50	40	60,6	75
		Für 100 Kilo aufzutrocknendes Wasser wiegt					
t_h	σ	33,3	66.6	100	150	200	300
		Wärmeeinheiten (WE.) für 100 Kilo					
30	1	666	1332	2000	3 000	4 000	6 000
	0,8	533	1065	1600	2 400	3 200	4 800
	0,6	400	799	1200	1 800	2 400	3 600
	0,4	266	533	800	1 200	1 600	2 400
	0,2	133	266	400	600	800	1 200
40	1	999	1998	3000	4 500	6 000	9 000
	0,8	800	1600	2400	3 600	4 800	7 200
	0,6	600	1199	1800	2 700	3 600	5 400
	0,4	400	799	1200	1 800	2 400	3 600
	0,2	200	400	600	900	1 200	1 800
50	1	1332	2664	4000	6 000	8 000	12 000
	0,8	1064	2130	3200	4 800	6 400	9 600
	0,6	799	1598	2400	3 600	4 800	7 200
	0,4	433	1065	1600	2 400	3 200	4 800
	0,2	266	533	800	1 200	1 600	2 400
60	1	1665	3330	5000	7 500	10 000	15 000
	0,8	1352	2664	4000	6 000	8 000	12 000
	0,6	1000	1998	3000	4 500	6 000	9 000
	0,4	666	1332	2000	3 000	4 000	6 000
	0,2	333	666	1000	1 500	2 000	3 000
70	1	2000	4000	6000	9 000	12 000	18 000
	0,8	1600	3200	4800	7 200	9 600	14 400
	0,6	1200	2400	3600	54 000	7 200	10 800
	0,4	800	1600	2400	36 000	4 800	7 200
	0,2	400	800	1200	18 000	2 400	3 600
80	1	2331	4662	7000	10 500	14 000	21 000
	0,8	1864	3905	5600	8 400	11 200	16 800
	0,6	1398	2797	4200	6 300	8 400	12 600
	0,4	932	1865	2800	4 200	5 600	8 400
	0,2	466	932	1400	2 100	2 800	4 200

Tabelle II.

gewicht R (oder Gestellegewicht G) für 100 Kilo aufzutrocknenden Wassers auf die Temperatur t_h zu erwärmen:

100 Kilo feuchtem Gut Kilo Wasser							
20	14	10	7	5	4	3	2
Rückstand R (Kilo):							
80	86	90	93	95	96	97	98
also dann der Rückstand R (oder die Gestelle G) kg:							
400	600	900	1330	1900	2400	3230	4900
aufzutrocknenden Wassers Cg oder Cr:							
8 000	12 000	18 000	26 600	38 000	48 000	64 600	48 000
6 400	9 600	14 400	21 280	30 400	38 400	51 680	38 400
4 800	7 200	10 800	15 960	22 800	28 800	38 760	28 800
3 200	4 800	7 200	10 640	15 200	19 200	25 840	19 200
1 600	2 400	3 600	5 320	7 600	9 600	12 920	9 600
12 000	18 000	27 000	39 900	57 000	72 000	96 900	147 000
9 600	14 400	21 600	31 920	45 600	57 600	77 520	117 600
7 200	10 800	14 200	23 940	34 200	43 200	58 140	88 200
4 800	7 200	10 800	15 960	22 800	28 800	38 760	58 800
2 400	3 600	5 400	7 980	11 400	14 400	19 380	29 400
16 000	24 000	36 000	53 200	76 000	96 000	139 200	196 000
12 800	19 200	28 800	42 560	60 800	76 800	111 360	156 800
9 600	14 400	21 600	31 920	45 600	57 600	79 520	117 600
6 400	9 600	14 400	21 280	30 400	38 400	55 680	78 400
3 200	4 800	7 200	10 640	15 200	19 200	27 840	39 200
20 000	30 000	45 000	66 500	95 000	120 000	161 500	245 000
16 000	24 000	36 000	53 200	76 000	96 000	129 200	196 000
12 000	18 000	27 000	39 900	57 000	72 000	96 900	147 000
8 000	12 000	18 000	26 600	38 000	48 000	64 600	98 000
4 000	6 000	9 000	13 300	19 000	24 000	32 300	49 000
24 000	36 000	54 000	79 800	114 000	144 000	193 800	294 000
19 200	28 800	43 200	63 840	91 200	115 200	155 040	235 200
14 400	21 600	22 400	47 880	68 400	86 400	116 280	176 400
9 600	14 400	21 600	31 920	45 600	57 600	77 520	117 600
4 800	7 200	10 800	15 960	22 800	28 800	38 760	58 800
28 000	42 000	63 000	79 800	133 000	168 000	224 100	343 000
22 400	33 600	50 400	63 840	106 400	134 400	179 280	274 400
16 800	25 200	37 800	47 880	79 800	100 800	134 460	205 800
11 200	16 800	25 200	31 920	53 200	67 200	89 640	137 200
5 600	8 400	12 600	15 960	26 600	33 600	44 820	68 600

Tabelle III. (Siehe Seite 15.)

Luftgewichte und Volumina, Austrittstemperaturen und Wärmeaufwand, um 100 kg Wasser zu verdunsten bei den Außentemperaturen $t_a = -20$ bis $+30^0$ — den Maximaltemperaturen $t_h = 30$ bis 130^0 — dem Barometerstande $q = 760$ mm — wenn Außenluft und Austrittsluft ganz mit Wasser gesättigt sind. (Nur Vorwärmung.)

1	2	3	4	5	6	7	8
Temperatur der Außenluft	Temperatur der Luft beim Austritt	Gewicht der trockenen Luft l	Gewicht der Feuchtigkeit in der Luft l d_a	Volumen der Luft beim Eintritt V_{la}	Volumen der Luft nach der Erhitzung V_{lh}	Volumen der Luft beim Austritt V_{ln}	Wärmeaufwand zur Lufterhitzung
t_a	t_n	kg	kg	cbm	cbm	cbm	WE.
			Höchsttemperatur $t_h = 30^0$ C.				
— 20	11	13 230	10,09	9 520	11 360	10 780	157 347
— 15	11,5	13 550	15,58	9 900	11 641	11 070	145 147
— 10	12	14 000	24,08	10 450	11 940	11 470	133 480
— 5	12,75	14 560	36,98	11 048	12 495	11 960	121 660
0	13,5	16 666	64,49	12 650	14 380	13 735	119 640
5	15,5	17 640	97,54	14 050	15 262	14 630	105 625
10	17,25	20 500	158,26	16 345	17 797	17 010	98 880
15	19,75	26 200	282,96	21 850	22 857	22 230	95 340
20	22,75	38 000	665,0	32 285	33 833	32 771	93 000
25	26,0	66 666	1346,65	58 250	59 010	58 530	87 357
			Höchsttemperatur $t_h = 35^0$ C.				
— 20	12,75	11 800	9,00	8 495	10 295	9 694	154 363
— 15	13,0	11 830	13,60	8 670	10 318	9 730	140 800
— 10	13,5	12 222	21,02	9 134	10 770	10 076	131 085
— 5	14,25	12 900	32,94	9 850	11 356	10 725	120 000
0	15,5	13 100	50,69	10 000	11 458	10 890	109 725
5	17,0	14 550	80,46	11 580	12 792	12 188	104 820
10	19	15 920	123,00	12 900	13 858	13 460	96 225
15	21	19 230	207,68	16 000	17 063	16 430	93 300
20	24	23 260	346,25	19 250	20 670	20 230	85 335
25	27	33 333	673,33	29 107	30 013	29 500	82 350
30	30	66 666	1833,32	59 690	60 706	60 000	82 000

Tabelle III.

1	2	3	4	5	6	7	8
Temperatur der Aufsenluft	Temperatur der Luft beim Austritt	Gewicht der trockenen Luft 1	Gewicht der Feuchtigkeit in der Luft 1 d_a	Volumen der Luft			Wärmeaufwand zur Lufterhitzung
				beim Eintritt V_{la}	nach der Erhitzung V_{lh}	beim Austritt V_{ln}	
t_a	t_n	kg	kg	cbm	cbm	cbm	WE.
			Höchsttemperatur $t_h = 40^0$ C.				
— 20	15	10 000	7,63	7 200	8 790	8 290	142 716
— 15	15,25	10 150	11,67	7 435	8 928	8 440	132 880
— 10	15,5	10 550	18,14	7 865	9 350	8 773	125 710
— 5	16,25	10 800	27,43	8 250	9 586	9 015	115 997
0	17,0	11 710	45,32	9 125	10 415	9 881	112 120
5	18,75	12 090	66,86	9 625	10 781	10 335	101 258
10	20,75	13 020	100,51	10 530	11 650	11 100	94 200
15	22,75	15 000	162,0	12 500	13 488	12 935	90 975
20	25,25	17 070	252,64	14 130	15 445	14 910	85 000
25	28,25	21 700	438,34	18 901	19 801	19 660	82 445
30	31,75	32 260	887,25	28 890	29 770	29 170	80 818
			Höchsttemperatur $t_h = 50^0$ C.				
— 20	17,5	8 250	6,33	6 000	7 582	6 950	138 180
— 15	18,0	8 300	9,54	6 080	7 592	7 118	128 505
— 10	18,5	8 400	14,45	6 278	7 692	7 175	120 120
— 5	19,5	8 630	21,92	6 550	7 912	7 350	113 300
0	20,5	8 800	34,06	6 670	8 085	7 500	105 300
5	22,0	9 000	49,77	7 165	8 292	7 610	97 245
10	23,0	9 600	79,72	7 758	8 830	8 446	92 160
15	25	10 640	114,91	8 866	9 906	9 306	90 370
20	27	11 760	174,05	9 809	10 993	10 370	86 250
25	30	13 700	276,74	11 970	12 845	12 267	84 625
30	33,5	15 700	431,75	14 058	14 968	14 410	78 874

Tabelle Ill.

1	2	3	4	5	6	7	8
Temperatur der Aufsenluft	Temperatur der Luft beim Austritt	Gewicht der trockenen Luft l	Gewicht der Feuchtigkeit in der Luft l d_a	Volumen der Luft			Wärmeaufwand zur Lufterhitzung
				beim Eintritt V_{la}	nach der Erhitzung V_{lh}	beim Austritt V_{ln}	
t_a	t_n	kg	kg	cbm	cbm	cbm	WE.
			Höchsttemperatur $t_h = 60^0$ C.				
— 20	21	6600	5,03	4758	6221	5637	125 600
— 10	21,5	6800	11,69	5082	6427	5840	113 470
0	23	7000	27,09	5310	6638	6185	100 500
10	25,75	7310	56,43	5935	6974	6400	88 145
20	29,5	8370	123,87	6925	8075	7475	83 248
30	35,25	10310	283,53	9232	10143	9520	77 490
			Höchsttemperatur $t_h = 70^0$ C.				
— 20	24	5430	4,14	3950	5266	4720	116 242
— 10	24,5	5555	9,54	4155	5396	4840	105 920
0	26	5610	21,71	4265	5468	5000	94 010
10	28	5950	46,03	4835	5836	5380	86 040
20	31,5	6930	103,30	5775	6922	6305	82 700
30	37,5	8200	225,50	7342	8294	7695	77 200
			Höchsttemperatur $t_h = 80^0$ C.				
— 20	26	4845	3.70	3485	4910	4240	115 250
— 10	26,5	4848	8,34	3623	4920	4270	103 950
0	28	4850	18,77	3675	4939	4390	92 880
10	30	5070	39,14	4119	5122	4540	85 610
20	33	5555	82,21	4600	5675	5180	81 498
30	38	6100	167,75	5461	6356	5915	76 400
			Höchsttemperatur $t_h = 90^0$ C.				
— 20	28	4125	3,15	2893	4243	3657	107 910
— 10	28,75	4155	7,15	3106	4260	3670	99 010
0	30	4235	16,39	3215	4377	3792	91 170
10	31,75	4370	33,74	3550	4544	3954	84 320
20	34,5	4750	70.30	3925	5195	4366	81 340
30	39,5	4950	136,13	4432	5308	4710	75 400

Tabelle III.

1	2	3	4	5	6	7	8
Temperatur der Aufsenluft	Temperatur der Luft beim Austritt	Gewicht der trockenen Luft l	Gewicht der Feuchtigkeit in der Luft l d_a	Volumen der Luft			Wärmeaufwand zur Lufterhitzung
				beim Eintritt V_{la}	nach der Erhitzung V_{lh}	beim Austritt V_{ln}	
t_a	t_n	kg	kg	cbm	cbm	cbm	WE.
			Höchsttemperatur t_h = 100° C.				
— 20	30,5	3610	2,75	2532	3820	3245	103 080
— 10	31	3630	6,24	2710	3875	3275	95 150
0	32	3670	14,20	2780	3901	3267	87 900
10	34	3740	28,87	3035	4000	3430	81 180
20	36,25	4000	59,20	3389	4323	3721	78 260
30	41	4050	111,38	3626	4503	3840	74 980
			Höchsttemperatur t_h = 110° C.				
— 20	32	3290	2,51	2375	3615	2980	101 790
— 10	32,5	3300	5,68	2465	3621	3000	95 040
0	33,5	3333	12,89	2529	3680	3101	87 780
10	35	3460	26,71	2809	3845	3195	83 400
20	37,5	3560	52,69	2947	4003	3341	78 300
30	41,75	3690	101,48	3304	4228	3575	74 000
			Höchsttemperatur t_h = 120° C.				
— 20	33,6	2980	2,27	2089	3318	2722	100 632
— 10	34	3000	5,16	2245	3346	2750	92 950
0	35	3015	11,67	2285	3374	2795	86 640
10	36,5	3080	23,78	2505	3450	2870	81 730
20	39	3150	46,62	2607	3587	3031	77 000
30	42,75	3230	88,83	2892	3751	3150	72 810
			Höchsttemperatur t_h = 130° C.				
— 20	35,5	2700	2,06	1895	3086	2495	96 300
— 10	36	2720	4,68	2033	3113	2432	90 720
0	36,5	2753	10,65	2088	3162	2565	85 540
10	37,75	2800	21,63	2274	3262	2630	81 000
20	40,25	2860	42,33	2365	3342	2730	77 000
30	43,75	2895	79,61	2592	3451	2845	72 600

Tabelle IV. (Siehe Seite 26.)

Spannungen und Kubikmetergewichte des 3/4, 1/2, 1/4

Gehalt von 1 kg Luft an 3/4, 1/2, 1/4 gesättigtem

den Temperaturen

1	2	3	4	5	6	7	8
	Die Luft ist 3/4 mit Wasserdampf gesättigt					Die Luft ist 1/2	
Temperatur °C.	Gewicht des Dampfes in 1 cbm kg	Spannung des Dampfes q_d mm	Spannung der Luft q_l mm	Gewicht der trockenen Luft in 1 cbm kg	1 kg Luft enthält Dampf d kg	Gewicht des Dampfes in 1 cbm kg	Spannung des Dampfes q_d mm
— 20	0,00080	0,697	759,3	1,390	0,000575	0,00053	0,461
— 15	0,00122	1,080	759	1,366	0 00090	0,00078	0,720
— 10	0,00175	1,325	758,7	1,339	0,00130	0,00115	0,816
— 5	0,00252	2,320	757,7	1,317	0,00192	0,00168	1,540
± 0	0,00372	3,444	756,6	1,286	0,00288	0,00248	2,254
5	0,00522	4,999	755	1,261	0,00414	0,00348	3,32
10	0,00713	6,886	753,1	1,237	0,00577	0,00475	4,55
15	0,00974	9,54	750,5	1,208	0,00806	0,00640	6,36
20	0,01317	13,2	746,8	1,184	0,01103	0,00877	8,84
25	0,01736	17,8	742,2	1,159	0,01485	0,01156	11,8
30	0,0231	24,1	735,9	1,128	0,0205	0,0154	16,1
35	0,0298	31,0	729	1,101	0,0270	0,0199	20,6
40	0,0384	41,3	718,7	1,067	0,0351	0,0256	27,5
45	0,0492	53,1	707	1,032	0,0476	0,0328	35,4
50	0,0626	69,2	691	0,994	0,0651	0,0417	46,3
55	0,0783	81,6	679	0,951	0,0823	0,0522	54,4
60	0,0984	112,8	647,2	0,899	0,109	0,0656	75,0
65	0,1217	141,5	618,5	0,850	0,143	0,0811	94,3
70	0,1494	175,6	584,4	0,789	0,189	0,0996	117,7
75	0,1830	218,9	541,1	0,722	0,253	0,1220	145,9
80	0,2109	255,1	505	0,665	0,317	0,1479	180,0
85	0,2681	330,0	420	0,546	0,491	0,1787	220,0
90	0,3210	401,1	359	0,458	0,700	0,214	267,4
95	0,3830	485,0	275	0,347	1,104	0,255	323,4
100	0,4845	619,0	141	0,176	2,750	0,303	412,6

Tabelle IV.

gesättigten Dampfes und der trockenen Luft dabei,

Wasserdampf bei dem Barometerstande von 760 mm und

– 20 bis + 100°.

9	10	11	12	13	14	15	16	17
mit Wasserdampf gesättigt			Die Luft ist $^1/_4$ mit Wasserdampf gesättigt					
Spannung der Luft q_l	Gewicht der trockenen Luft in 1 cbm	1 kg Luft enthält Dampf d	Gewicht des Dampfes in 1 cbm	Spannung des Dampfes q_d	Spannung der Luft q_l	Gewicht der trockenen Luft in 1 cbm	1 kg Luft enthält Dampf d	Temperatur
mm	kg	kg	kg	mm	mm	kg	kg	°C.
759,5	1.395	0,00038	0,00027	0,235	759,8	1,391	0,00020	— 20
759,3	1,367	0,00057	0,00044	0,360	759,7	1,368	0,00032	— 15
759,2	1,340	0,00086	0,00060	0,408	759,6	1,341	0,000447	— 10
758,5	1,319	0,00127	0,00084	0,770	759,2	1,320	0,000636	— 5
757,75	1,288	0,00220	0,00124	1,164	758,8	1.290	0,00100	± 0
756,7	1,264	0,00275	0,00174	1,660	758,3	1,267	0,00136	5
755,4	1,240	0,00384	0,00238	2,275	757,7	1,243	0,00192	10
753,7	1,213	0,00530	0,00325	3,180	756,8	1,218	0,00257	15
751,2	1,190	0,00737	0,0044	4,440	755,5	1,197	0,00369	20
748,2	1,164	0,01000	0,0058	5,930	754,0	1,172	0,00500	25
744,0	1,141	0,0135	0,0077	8,03	752,0	1,153	0,00668	30
739,4	1,116	0,0170	0,0099	10,30	749,7	1,132	0,00874	35
732,5	1,087	0,0235	0,0128	13,77	746,2	1,107	0,0115	40
724,6	1,057	0,0310	0,0164	17,70	742,3	1,084	0,0151	45
713,7	1,026	0,0406	0,0209	23,0	737,0	1,060	0,0197	50
705,6	0,996	0,0530	0,0261	27,2	733,0	1,045	0,0250	55
685,0	0,952	0,0689	0 0328	37,5	722,5	1,004	0,0327	60
665,7	0,915	0,0886	0,0406	47,2	712,8	0,980	0,0420	65
642,3	0,867	0,1149	0,0496	58,9	701,1	0,946	0,0524	70
614,1	0,820	0,1485	0,061	72,9	687,0	0,917	0,0665	75
580,0	0,763	0,1938	0,073	90,0	670,0	0,882	0,0827	80
540,0	0,702	0,2540	0,0894	110,0	650,0	0,845	0,106	85
492,6	0,628	0,3407	0,107	133,7	626,3	0,799	0,134	90
436,6	0,551	0,4630	0,128	161,7	598,3	0,755	0,169	95
347,4	0,433	0,7000	0,1515	206,3	553,7	0,689	0,220	100

Tabellen V, VI, VII. (Siehe Seite 29.)

Austrittstemperaturen — Gewichte und Volumina der Luft — Wärmeaufwand, um 100 kg Wasser zu verdunsten bei Außentemperaturen von — 20 bis + 30°, den Höchsttemperaturen 35, 50, 70, 100, 130°, dem Barometerstande 760 mm, wenn die Außenluft ganz, die Austrittsluft nur $^3/_4$, $^1/_2$, $^1/_4$ mit Wasser gesättigt ist. (Nur Vorwärmung.)

Tabelle V.

Außenluft ganz — Austrittsluft $^3/_4$ gesättigt. Druck im Trockenraum q = 760 mm.

1	2	3	4	5	6	7	8	9	10
				Volumen der Luft					
Temperatur der gesättigten Außenluft	Temperatur der Luft beim Austritt	Gewicht der trocknen Luft (l)	Gewicht der Feuchtigkeit in der Luft $l \cdot d_a$	beim Eintritt V_{ls}	nach der Erhitzung V_{lh}	beim Austritt V_{ln}	Wärmeaufwand zur Lufterhitzung C_s	Temperatur der $^3/_4$ gesättigten Außenluft	WE., wenn die Eintrittsluft $^3/_4$ gesättigt ist, C_s
t_a°	t_n	kg	kg	cbm	cbm	cbm	WE.		
Höchsttemperatur t_h = 35° C.									
— 20	14,6	12 720	9,7	9 158	11 108	10 316	166 408	— 25	152 162
0	18,6	15 720	60,8	12 256	13 499	13 123	130 763	— 5	113 151
15	24,75	24 300	262,4	20 250	21 384	20 770	116 640	10	89 424
20	27,25	37 040	548,2	31 470	32 595	32 200	133 344	15	91 860
25	30,75	71 430	1442,9	62 280	63 572	63 620	171 434	20	91 433
Höchsttemperatur t_h = 50° C.									
— 20	21	9 000	6,87	6 478	8 229	7 561	149 849	— 25	139 769
0	24	9 823	38	7 655	9 026	8 367	117 550	— 5	106 549
15	28,5	12 500	135	10 424	11 625	11 062	105 875	10	90 875
30	38	20 412	561	18 274	19 460	18 896	102 275	25	67 187
Höchsttemperatur t_h = 70° C.									
— 20	27,1	6 075	4,64	4 374	5 911	5 272	130 050	— 25	123 246
0	29,25	6 337	24,5	4 938	6 196	5 588	106 159	— 5	98 062
15	33,5	7 142	77,1	5 950	7 028	6 493	94 988	10	85 918
30	41,66	8 621	239	7 719	8 749	8 164	83 994	25	71 298
Höchsttemperatur t_h = 100° C.									
— 20	35,25	3 963	3,02	2 853	4 193	3 608	113 113	— 25	108 675
0	36	4 076	15,8	3 176	4 334	3 726	97 655	— 5	93 090
15	39,5	4 130	45,9	3 540	4 561	4 000	87 361	10	82 265
30	45,75	4 505	123,9	4 034	4 968	4 383	79 013	25	73 450
Höchsttemperatur t_h = 130° C.									
— 20	40,1	2 896	2,21	2 085	3 265	2 716	103 320	— 25	100 077
0	41,3	2 900	11,2	2 260	3 322	2 741	90 227	— 5	86 979
15	43,75	3 000	32,4	2 500	3 483	2 960	83 490	10	74 890
30	49,4	3 003	82,6	2 689	3 570	3 033	74 996	25	71 288

Tabelle VI.

Außenluft ganz — Austrittsluft 1/2 gesättigt. Druck im Trockenraum q = 760 mm.

1	2	3	4	5	6	7	8	9	10
				Volumen der Luft					
Temperatur der gesättigten Aufsenluft $t_a{}^0$	Temperatur der Luft beim Austritt t_n	Gewicht der trockenen Luft (l) kg	Gewicht der Feuchtigkeit in der Luft $l.d_a$ kg	beim Eintritt V_{la} cbm	nach der Erhitzung V_{lh} cbm	beim Austritt V_{ln} cbm	Wärmeaufwand zur Lufterhitzung C_s WE.	Temperatur der 3/4 gesättigten Aufsenluft	WE., wenn die Eintrittsluft 3/4 gesättigt ist, C_s
Höchsttemperatur $t_h = 35^0$ C.									
− 20	17,75	15 151	11,56	10 907	13 231	12 621	198 212	− 25	181 242
0	23	19 762	76,5	15 400	17 344	16 922	165 543	− 5	143 410
12,5	27,00	44 444	44,1	36 500	38 667	38 600	240 886	7,5	191 069
17,5	30,75	70 000	906	58 820	61 600	61 400	290 800	12,5	212 400
Höchsttemperatur $t_h = 50^0$ C.									
− 20	24,3	10 582	8,08	7 618	9 678	9 154	176 190	− 25	164 339
0	28,25	11 736	45,32	9 146	10 784	10 210	140 441	− 5	127 712
30	44,2	42 553	1170	38 191	40 505	40 070	233 220	25	180 672
Höchsttemperatur $t_h = 70^0$ C.									
− 20	32,5	6 990	5,33	5 033	6 801	6 100	149 634	− 25	141 866
0	35,25	7 463	28,9	5 832	7 297	6 711	123 262	− 5	114 904
30	47,5	10 753	295,7	9 628	10 906	10 329	107 768	25	94 460
Höchsttemperatur $t_h = 100^0$ C.									
− 20	40,1	4 366	3,33	3 144	4 619	4 010	124 621	− 25	119 733
0	41,8	4 444	17,2	3 468	4 724	4 260	106 362	− 5	101 385
30	52,5	5 155	141,7	4 616	5 687	5 099	90 412	25	84 046
Höchsttemperatur $t_h = 130^0$ C.									
− 20	46,1	3 125	2,36	2 250	3 173	2 975	111 493	− 25	107 993
0	47,5	3 135	12,1	2 443	3 592	3 006	97 500	− 5	93 989
30	56,5	3 309	90,75	2 963	3 923	3 358	82 685	25	78 599

Tabelle VII.

Außenluft ganz — Austrittsluft $^1/_4$ gesättigt. Druck im Trockenraum q = 760 mm.

1	2	3	4	5	6	7	8	9	10
				Volumen der Luft					
Temperatur der gesättigten Außenluft	Temperatur der Luft beim Austritt	Gewicht der trockenen Luft (l)	Gewicht der Feuchtigkeit in der Luft $l.d_a$	beim Eintritt V_{la}	nach der Erhitzung V_{lh}	beim Austritt V_{ln}	Wärmeaufwand zur Lufterhitzung C_s	Temperatur der $^3/_4$ gesättigten Außenluft	WE., wenn die Eintrittsluft $^3/_4$ gesättigt ist, C_s
$t_a{}^0$	t_n	kg	kg	cbm	cbm	cbm	WE.		
				Höchsttemperatur $t_h = 35^0$ C.					
— 20	24,5	24 940	18,93	17 955	21 721	21 234	326 271	— 25	298 339
0	29	40 820	157,97	31 811	35 820	34 950	340 915	— 5	295 197
7,5	32	72 460	479,7	58 430	63 330	63 560	478 236	2,5	397 081
10	33,8	112 300	865,8	91 080	99 263	98 770	673 800	5	548 024
				Höchsttemperatur $t_h = 50^0$ C.					
— 20	32,3	14 760	11,26	10 626	13 496	12 028	245 749	— 25	229 749
0	35,9	18 520	71,7	14 443	17 017	16 433	221 686	— 5	200 944
10	39	25 640	199,2	20 800	23 717	23 310	244 144	15	214 428
				Höchsttemperatur $t_h = 70^0$ C.					
— 20	41,75	8 873	6,77	6 400	8 633	8 067	189 445	— 25	183 551
0	43,6	9 852	38,1	7 678	9 333	9 034	165 116	— 5	154 082
15	48,5	13 165	237	10 920	15 000	12 331	178 090	20	163 000
30	60,3	27 000	742,5	24 167	27 371	26 865	270 570	25	237 225
				Höchsttemperatur $t_h = 100^0$ C.					
— 20	50,3	5 263	4,02	3 789	5 568	4 990	150 223	— 25	144 423
0	52,33	5 460	21,1	4 255	5 805	5 185	130 677	— 5	124 562
30	63,5	6 862	188,70	6 144	7 527	6 850	120 351	25	111 877
				Höchsttemperatur $t_h = 130^0$ C.					
— 20	58,5	3 600	2,75	2 620	4 104	3 575	94 193	— 25	90 193
0	60,25	3 704	14,33	2 886	4 243	3 692	115 258	— 5	111 110
30	68,8	4 255	117	3 809	5 057	4 364	106 606	25	101 252

Tabelle VIII. (Siehe Seite 31.)

Zusammenstellung der Temperaturen,
bei denen 1 cbm Luft bei jeder Sättigung das gleiche Wassergewicht enthält.

Temperatur	Dampf in 1 cbm Luft	Sättigung der Luft.									
		100%	90%	80%	70%	60%	50%	40%	30%	20%	10%
°C	g	°C	°C	°C	°C	°C	°C	°C	°C	°C	°C
– 20	1,06	– 20	– 19	– 18	–16,5	–14,5	–12,5	–9,5	–5,0	1,5	11
– 15	1,57	– 15	- 14,25	– 13	–11,5	–9,5	–7,5	–4,5	0,2	7	18,5
– 10	2,3	– 10	– 9,25	–7,5	–5,75	–4,0	–2,0	2,2	5,1	13	25,5
– 5	3,5	– 5	– 3,5	– 2	0,5	2,7	5,5	9,0	13,5	20,6	33
0	5,04	0	2,1	3,8	6	7,3	12	14,8	19	26,8	40
5	6,96	5	7,0	8,7	11	13,3	16,5	20,3	25,3	32,8	47
10	9,51	10	12,3	13,7	16	18,3	22	25,7	31	38,8	54
15	13,19	15	17,2	19,5	21,6	24	27,5	31,8	37,3	46	61,5
20	17,53	20	22,5	24,3	27,6	29,4	33	37,3	43	52	67,5
25	23,12	25	27	29,2	31,3	35	38,3	43	49	58	74
30	30,8	30	32,5	34,5	36,3	40,5	43,5	48	50,5	64	81,5
35	39,7	35	37	39,6	42,5	45	45,5	53	60	70	88
40	51,2	40	42,5	45	47,5	50,5	54,5	59	66	76,5	95
45	65,7	45	47,5	50	52,5	56,1	60,2	65	71,5	82,5	—
50	83,4	50	52,5	55	58	61,5	65,2	71,5	77,5	89	—
55	104,5	55	57,5	60	63	67	71	77	84	95	—
60	131,1	60	62,5	65,2	69	72,7	77	82,5	90,2	—	—
65	162,3	65	67,5	70,5	74,5	77,5	82,5	88	96	—	—
70	199,2	70	72,5	77	81,5	82,5	87,3	94	—	—	—
75	244,0	75	77,5	81	84,5	88	93	—	—	—	—
80	295,8	80	82,5	86	89,2	94	—	—	—	—	—

Gewicht (Gramm) des Dampfes in 1 cbm. — Seine Spannung in mm Q. —20 ÷ +100° und

Temperatur °C	100 % Gew. i. cbm	100 % Spann. mm	100 % Gew. i. 1 kg L	90 % Gew. i. cbm	90 % Spann. mm	90 % Gew. i. 1 kg L	80 % Gew. i. cbm	80 % Spann. mm	80 % Gew. i. 1 kg L	70 % Gew. i. cbm	70 % Spann. mm	70 % Gew. i. 1 kg L	60 % Gew. i. cbm	60 % Spann. mm	60 % Gew. i. 1 kg L
—20	1,06	0,927	0,760	0,954	0,834	0,679	0,848	0,742	0,606	0,742	0,648	0,531	0,636	0,556	0,452
—15	1,57	1,400	1,15	1,413	0,260	1,031	0,256	1,120	0,917	1,099	0,980	0,801	0,942	0,840	0,684
—10	2,30	2,093	1,72	2,070	1,882	1,451	1,840	1,674	1,371	1,610	1,465	1,197	1,380	1,256	1,023
— 5	3,50	3,113	2,797	3,150	2,800	2,520	2,800	2,450	2,236	2,450	2,179	1,966	2,100	1,868	1,672
0	5,44	4,60	3,855	4,536	4,140	3,474	4,032	3,680	3,080	3,528	3,220	2,701	3,024	2,760	2.309
5	6,96	6,53	5,519	6,264	5,877	4,950	5,568	5,224	4,409	4,872	4,571	3,850	4,176	3,918	3,298
10	9,51	9,16	7,71	8,559	8,244	6,930	7,608	7,328	6,14	6,657	6,412	5,373	5,706	5,495	4,606
15	13,19	12,70	10,93	11,87	11,43	9,804	10,55	10,160	8,68	9,230	8,890	7,606	7,91	7,620	6,518
20	17,53	17,39	14,80	15,76	15,65	13,21	14,03	13,91	11,77	12,27	12,13	10,26	10.52	10,43	8.80
25	23,12	23,55	20,10	20,80	21,19	18,00	18,49	18,84	15,90	16,19	16,48	13,84	13,87	14,14	10,85
30	30,80	31,55	27,50	27,72	28,36	24.60	24,64	25,24	21,78	21,56	22,07	18,96	18,48	18,94	16,89
35	39,70	41,83	36,55	35,70	27,63	32,67	31,76	33,46	28,93	27,79	29,28	25,17	23,82	25,10	21,46
40	51,2	54,91	48,92	46,08	49,41	43,72	40,96	43,92	38,66	35,84	38,43	33,65	30,72	32,94	28,59
45	65,7	71,40	64,61	59,13	64,26	57,17	52,56	57,12	50,50	45,99	49,98	43,63	39,42	42,84	37,01
50	83,4	91,98	86,69	75,06	82,78	77,00	66,72	73,58	67,42	58,38	64,38	57,90	50,04	55,19	49,49
55	104,5	117,98	115,7	94,10	106,1	102,4	83,60	94,30	84,28	73,10	82,50	76,66	62,70	70,70	64,73
60	131,1	148,70	153,3	117,9	133,8	134,8	104,81	119,0	117,0	91,77	103,7	100,0	78,60	78,60	83,76
65	162,3	186,94	206,0	146,1	168,2	179,3	129,9	149,5	154,5	113,6	130,8	130,9	97,30	112,1	109,2
70	199,2	233,09	279,5	179,2	209,7	240,7	159,3	186,4	205,0	139,4	161,3	171,9	119,4	139,8	141,7
75	244,0	288,50	387,5	219,6	259,7	329,4	195,2	230,4	276,3	170,8	201,0	229,5	146,4	173,1	228,4
80	295,8	354,64	552,8	266,4	318,9	456,4	236,6	283,7	375,0	207,0	248,1	310,0	177,5	212,4	245,2
85	357,4	433,04	844,0	322,0	389,7	670,6	286,8	346,4	532,6	250,2	303,1	422,2	214,5	259,8	331,2
90	428,0	525,45	1430	385,2	472,9	1179	342,4	420,4	751,0	299,6	367,8	594,5	256,8	315,3	450,5
95	511,0	633,75	3211	459,9	570,3	1914	408,8	507,0	1276	357,7	443,3	892,8	306,6	380,3	638,3
100	606	760,00	∞	545,4	675,0	5760	484,8	608,0	2556	424,2	532,0	1490	363,6	456,0	958,0

(Siehe Seite 36.)

— Sein Gewicht (Gramm) in 1 kg Luft bei Sättigungen von 100 ÷ 10%
760 Barometer.

50 %			40 %			30 %			20 %			10 %			Temperatur °C
Gew. i. cbm	Spann. mm	Gew. i. 1 kg L	Gew. i. cbm	Spann. mm	Gew. i. 1 kg L	Gew. i. cbm	Spann. mm	Gew. i. 1 kg L	Gew. i. cbm	Spann. mm	Gew. i. 1 kg L	Gew. i. cbm	Spann. mm	Gew. i. 1 kg L	
0,530	0,463	0,322	0,424	0,370	0,303	0,318	0,278	0,227	0,212	0,185	0,152	0,106	0,093	0,076	— 20
0,785	0,700	0,573	0,628	0,560	0,458	0,471	0,420	0,344	0,314	0,280	0,229	0,157	0,140	0,115	— 15
1,150	1,047	0,855	0,920	0,837	0,684	0,690	0,628	0,513	0,460	0,420	0,341	0,230	0,209	0,170	— 10
1,750	1,557	1,395	1,400	1,243	1,117	1,050	0,934	0,837	0,700	0,623	0,558	0,350	0,311	0,278	— 5
2,520	2,300	1,919	2,016	1,840	1,537	1,512	1,380	1,155	1,008	0,920	0,779	0,504	0,460	0,384	0
3,480	3,165	2,741	2,784	2,512	2,192	1,988	1,959	1,647	1,392	1,306	1,096	0,696	0,653	0,570	5
4,760	4,580	3,830	3,800	3,664	3,392	2,850	2,748	2,295	1,8C0	1,832	1,528	0,950	0,916	0,763	10
6,590	6,350	5,436	5,276	5,080	4,393	3,957	3,810	3,100	2,638	2,540	2,156	1,319	1,270	1,077	15
8,77	8,695	7,348	7,000	6,956	5,846	5,250	5,117	4,378	3,500	3,478	2,904	1,750	1,739	1,450	20
11,56	11,775	9,916	9,248	9,420	7,888	6,936	7,065	5,99	4,624	4,710	3,92	2,312	2,355	1,953	25
15,40	15,775	13,44	12,320	12,610	10,70	9,240	9,475	8,002	6,160	6,310	5,3	3,080	3,155	2,642	30
19,90	20,92	17,78	15,880	16,732	14,14	11,91	12,543	10,54	7,740	8,366	6,995	3,970	4,183	3,475	35
25,60	27,45	23,68	20,48	21,96	18,80	15,36	16,47	13,99	10,24	10,98	9,26	5,12	5,49	4,59	40
32,90	35,75	30,56	26,28	28,56	24,37	19,71	21,42	17,98	13,14	14,28	11,87	6,57	7,14	5,88	45
41,70	45,99	40,76	33,36	36,79	32,01	25,02	27,59	23,72	16,68	18,39	15,48	8,34	9,20	7,70	50
52,30	58,99	51,12	41,92	47,19	40,73	31,32	35,30	30,80	20,90	23,60	20,20	10,45	11,80	9,94	55
65,60	74,35	68,47	52,44	58,48	53,55	39,33	44,61	39,31	26,22	29,74	25,69	13,11	14,87	12,56	60
81,20	83,47	88,62	64,80	74,77	68,91	48,60	55,08	50,32	32,40	37,39	32,68	16,20	18,69	13,90	65
99,60	116,5	114,3	79,68	93,24	88,20	59,76	69,93	63,86	39,84	46,61	41,16	19,92	23,31	19,91	70
122,0	144,3	186,8	97,60	115,4	113,6	73,20	86,55	81,52	48,80	57,70	52,10	24,46	28,85	24,79	75
147,7	177,3	193,0	118,3	141,9	144,9	88,74	106,4	102,8	59,16	70,93	64,96	29,58	35,46	30,91	80
178,7	216,5	253,9	142,9	173,2	189,0	107,2	129,9	131,3	71,48	86,61	81,95	35,74	43,30	38,60	85
214,0	262,7	334,0	171,2	210,2	242,8	128,4	157,6	166,3	85,60	105,1	101,8	42,80	52,55	47,10	90
255,5	316,9	456,5	204,4	253,5	318,7	153,3	190,1	212,5	102,2	126,8	127,6	51,10	63,38	57,90	95
303,0	380,0	641,0	242,4	304,0	426,2	181,8	228,0	274,5	121,2	152,0	159,8	60,60	76,00	70,96	100

Tabelle X. (Siehe Seite 39.)

Luftgewicht und Volumen, das bei 760 mm Barometer und bei den Temperaturen — 20 bis + 100°, ganz, $^3/_4$, $^1/_2$, $^1/_4$ gesättigt, 1 kg Wasserdampf enthält.

Temperatur °C.	ganz gesättigt kg	ganz gesättigt cbm	$^3/_4$ gesättigt kg	$^3/_4$ gesättigt cbm	$^1/_2$ gesättigt kg	$^1/_2$ gesättigt cbm	$^1/_4$ gesättigt kg	$^1/_4$ gesättigt cbm
— 20	1360	943	1739	1250	2632	1887	5000	3704
— 15	893	637	1111	820	1754	1282	3125	2500
— 10	581	435	769	571	1163	870	2250	1667
— 5	394	286	521	397	787	595	1570	1190
± 0	258	201	347	269	455	403	1000	806
5	181	144	242	192	364	287	735	575
10	130	105	173	140	260	211	521	420
15	93	77	124	103	189	156	389	308
20	67,6	57	91	76	136	114	271	227
25	49,5	43	68	58	100	86,6	200	172
30	36,4	32,5	48,8	43	74	65	150	130
35	27,3	25,2	37	34	58,8	50	114	101
40	20,4	19,5	28,5	26	42,6	39	87	78
45	15,3	15,2	21	20	32,2	30	66	61
50	11,5	12	16	16	24,6	24	51	48
55	8,7	9,6	13	12,7	18,9	19,2	40	38
60	6,5	7,6	9,2	10	14,5	15,2	33	31
65	4,85	6,2	7	8,2	11,3	12,3	23,8	24,6
70	3,57	5,0	5,3	6,7	8,7	10	19,1	20
75	2,58	4,1	3,95	5,5	6,8	8,2	15,1	16,4
80	1,80	3,39	3,1	4,7	5,2	6,8	12	13,7
85	1,19	2,80	2,0	3,7	3,95	5,6	9,4	11,2
90	0,7	2,34	1,43	3,1	2,94	4,7	7,5	9,3
95	0,31	1,96	0,9	2,6	2,16	3,9	5,9	7,8
100	—	1,65	0,36	2,1	1,43	3,3	4,5	5,6

Tabelle XI. (Siehe Seite 40.)

Gewicht von 1 cbm Luft und Wasserdampf,

der bei 760 mm Barometer, bei den Temperaturen — 20 bis + 100° ganz, $^3/_4$, $^1/_2$, $^1/_4$ mit Wasserdampf gesättigt ist.

Temperatur °C	ganz gesättigt kg	$^3/_4$ gesättigt kg	$^1/_2$ gesättigt kg	$^1/_4$ gesättigt kg	ganz trocken kg
— 20	1,3900	1,3908	1,3910	1,3913	1,394
— 15	1,3670	1,3672	1,3678	1,3684	1,368
— 10	1,3402	1,3407	1,3411	1,3416	1,342
— 5	1,3123	1,3195	1,3207	1,3160	1,320
± 0	1,2881	1,2897	1,2908	1,2912	1,293
5	1,2658	1,2662	1,2674	1,2687	1,270
10	1,2427	1,2440	1,2447	1,2453	1,246
15	1,2120	1,2177	1,2194	1,2212	1,224
20	1,1940	1,1961	1,1987	1,2014	1,203
25	1,1676	1,1713	1,1755	1,1778	1,184
30	1,1476	1,1511	1,1564	1,1607	1,164
35	1,1242	1,1308	1,1359	1,1419	1,145
40	1,0975	1,1054	1,1126	1,1198	1,126
45	1,0711	1,0812	1,0898	1,1004	1,108
50	1,0444	1,0586	1,0677	1,0809	1,090
55	1,0115	1,0243	1,0482	1,0711	1,075
60	0,9808	0,9974	1,0176	1,0368	1,059
65	0,9503	0,9717	0,9961	1,0206	1,043
70	0,9107	0,9384	0,9666	0,9956	1,029
75	0,8735	0,9050	0,9420	0,9780	1,013
80	0,8293	0,8759	0,9109	0,9550	0,998
85	0,7824	0,8141	0,8807	0,9344	0,984
90	0,7272	0,7790	0,8420	0,9060	0,970
95	0,6701	0,7300	0,8060	0,8830	0,958
100	0,6060	0,6605	0,7370	0,8405	0,946

Tabelle XI. (Fortsetzung.)

Gewicht von 1 cbm trockner Luft (L) und 1 cbm Feuergas (F) bei 97—1100 °C und 760 mm Q. — Volumen von 1 kg Feuergas (F) mit 0,1 ÷ 0,5 kg Wasser bei 100 ÷ 1000 °C und 760 mm Q.

Temperatur	Gewicht von 1 cbm Luft trocken L	Gewicht von 1 cbm Feuergas F	Volumen von 1 kg Feuergas mit einem Gehalt von 0,1 kg Wasserdampf	0,2	0,3	0,4	0,5
°C	kg	kg	cbm	cbm	cbm	cbm	cbm
97	—	1,00	1,22	1,39	1,56	1,73	1,90
100	0,946	0,993	—	—	—	—	—
119	0,900	—	—	—	—	—	—
125	0,883	0,927	—	—	—	—	—
139	—	0,900	—	—	—	—	—
150	0,837	0,878	—	—	—	—	—
168	0,800	—	—	—	—	—	—
175	0,784	0,823	—	—	—	—	—
190	—	0,800	—	—	—	—	—
200	0,742	0,779	1,57	1,79	1,98	2,01	2,73
225	0,704	0,739	—	—	—	—	—
231	0,700	—	—	—	—	—	—
250	0,686	0,720	—	—	—	—	—
256	—	0,700	—	—	—	—	—
275	0,642	0,674	—	—	—	—	—
300	0,616	0,646	1,89	2,16	2,73	2,71	2,98
315	0,600	—	—	—	—	—	—
325	0,587	0,616	—	—	—	—	—
345	—	0,600	—	—	—	—	—
350	0,568	0,593	—	—	—	—	—
375	0,542	0,569	—	—	—	—	—
400	0,522	0,548	2,23	2,55	2,88	3,20	3,53
450	0,475	—	—	—	—	—	—
500	0,455	0,476	2,52	2,94	3,31	3,68	4,06
600	0,403	0,424	2,90	3,33	3,75	4,18	4,61
700	0,363	0,380	3,22	3,70	4,17	4,65	5,13
800	0,329	0,345	3,56	4,18	4,61	5,03	5,62
900	0,301	0,315	3,89	4,46	5,04	5,61	6,19
1000	0,273	0,290	4,22	4,84	5,47	6,09	6,70
1100	0,258	0,269	—	—	—	—	—

Tabelle XII. (Siehe Seite 40.)

Volumen von 1 Kilo Luft in cbm,

ganz gesättigt — ³/₄ — ¹/₂ — ¹/₄ — ganz trocken bei den Temperaturen — 20° bis 100° und beim Barometerstand von 760 mm.

Temperatur °C.	ganz gesättigt cbm	³/₄ gesättigt cbm	¹/₂ gesättigt cbm	¹/₄ gesättigt cbm	ganz trocken cbm
— 20	0,719	0,719	0,719	0,719	0,716
— 15	0,732	0,732	0,731	0,730	0,730
— 10	0,746	0,746	0,746	0,745	0,745
— 5	0,760	0,760	0,760	0,760	0,759
0	0,787	0,780	0,775	0,775	0,773
5	0,794	0,794	0,790	0,789	0,789
10	0,810	0,808	0,806	0,805	0,802
15	0,826	0,825	0,824	0,823	0,816
20	0,850	0,846	0,840	0,838	0,831
25	0,875	0,864	0,859	0,855	0,847
30	0,900	0,884	0,877	0,870	0,858
35	0,930	0,909	0,900	0,885	0,872
40	0,955	0,935	0,923	0,900	0,886
45	1,000	0,971	0,945	0,926	0,900
50	1,040	1,010	0,975	0,943	0,914
55	1,100	1,050	1,000	0,958	0,928
60	1,180	1,110	1,050	1,000	0,942
65	1,270	1,180	1,090	1,020	0,956
70	1,400	1,270	1,150	1,060	0,970
75	1,590	1,390	1,220	1,090	0,984
80	1,880	1,500	1,310	1,130	0,999
85	2,350	1,830	1,420	1,180	1,013
90	3,340	2,060	1,590	1,250	1,027
95	6,290	2,880	1,810	1,320	1,038
100	—	5,680	2,310	1,450	1,056

Tabelle XII. (Fortsetzung.)

Volumen von 1 Kilo ganz trockener Luft in cbm bei Temperaturen von 100 bis 1200 °C.

Temperatur °C	cbm	Temperatur °C	cbm	Temperatur °C	cbm
100	1,056	225	1,411	350	1,765
105	1,071	230	1,425	355	1,779
110	1,084	235	1,439	360	1,793
115	1,098	240	1,453	365	1,808
120	1,113	245	1,467	370	1,822
125	1,130	250	1,482	375	1,837
130	1,142	255	1,496	380	1,852
135	1,156	260	1,510	385	1,865
140	1,170	265	1,524	390	1,878
145	1,184	270	1,538	395	1,892
150	1,198	275	1,553	400	1,906
155	1,213	280	1,566	450	2,062
160	1,226	285	1,580	500	2,198
165	1,241	290	1,594	600	2,481
170	1,255	295	1,610	700	2,755
175	1,269	300	1,623	800	3,049
180	1,284	305	1,638	900	3,322
185	1,298	310	1,653	1000	3,597
190	1,312	315	1,672	1100	3,880
195	1,325	320	1,680	1200	4,167
200	1,339	325	1,695	—	—
205	1,354	330	1,709	—	—
210	1,368	335	1,723	—	—
215	1,382	340	1,737	—	—
220	1,397	345	1,751	—	—

Tabelle XIII. (Siehe Seite 40.)

Wasserdampfgewichte im cbm Luft von $-20 \div 100^0$ C bei ganzer, $^3/_4$-$^1/_2$-, $^1/_4$-Sättigung (Spalten 2, 5, 8, 11), angenäherte Temperaturen, bei denen die Luft mit dem angegebenen Wassergewicht ganz gesättigt wäre (Sättigungstemperatur t_s) (Spalten 1, 4, 7, 10). Siehe Seite 40 und Dampfspannung dabei (Spalten 3, 6, 9, 12).

1	2	3	4	5	6	7	8	9	10	11	12
Sättigungs-temperatur t_s °C	1 cbm Luft enthält ganz gesättigt Dampf kg	Dampfspannung ganz gesättigt mm	Sättigungstemperatur t_s °C	1 cbm Luft enthält $^3/_4$ gesättigt Dampf kg	Dampfspannung $^3/_4$ gesättigt mm	Sättigungstemperatur t_s °C	1 cbm Luft enthält $^1/_2$ gesättigt Dampf kg	Dampfspannung $^1/_2$ gesättigt mm	Sättigungstemperatur t_s °C	1 cbm Luft enthält $^1/_4$ gesättigt Dampf kg	Dampfspannung $^1/_4$ gesättigt mm
−20	0,00106	0,927	—	0,00080	0,697	—	0,00053	0,461	—	0,00027	0,235
−15	0,00157	1,400	−18	0,00122	1,080	—	0,00078	0,720	—	0,00044	0,360
−10	0,00230	2,093	−13,5	0,00175	1,325	−19	0,00115	0,816	—	0,00060	0,408
− 5	0,00350	3,113	− 9,8	0,00252	2,320	−14,3	0,00168	1,540	—	0,00084	0,770
0	0,00504	4,600	− 4,1	0,00372	3,444	− 9,5	0,00248	2,254	−18	0,00124	1,164
5	0,00696	6,53	0,1	0,00522	4,993	− 4,8	0,00348	3,32	−13,5	0,00174	1,660
10	0,00951	9,16	5	0,00713	6,886	− 0,5	0,00475	4,55	−10	0,00238	2,276
15	0,00132	12,70	10,1	0,00974	9,54	4,5	0,00640	6,36	− 6	0,00325	3,180
20	0,01753	17,39	15	0,01317	13,2	9,25	0,00877	8,84	− 1,5	0,0044	4,440
25	0,02312	23,55	20	0,01736	17,8	13,8	0,01156	11,8	3	0,0058	5,930
30	0,0308	31,55	25	0,0231	24,1	18,4	0,0154	16,1	8	0,0077	8,030
35	0,0397	41,83	30	0,0298	31,0	23	0,0199	20,6	11,0	0,0099	10,30
40	0,0512	54,91	34,7	0,0384	41,3	27,3	0,0256	27,5	15,5	0,0128	13,77
45	0,0657	71,4	39,4	0,0492	53,1	31,7	0,0328	35,4	20	0,0164	17,7
50	0,0834	91,98	44,5	0,0626	69,2	36	0,0417	46,3	24	0,0209	23,0
55	0,1045	117,98	47,6	0,0783	81,6	40,4	0,0522	54,4	28	0,0261	27,2
60	0,1311	148,79	52,6	0,0984	112,8	45	0,0656	75,0	32	0,0328	37,5
65	0,1623	186,94	57,6	0,1217	141,5	49,5	0,0811	94,3	36	0,0406	47,2
70	0,1992	233,09	62,6	0,1419	175,6	53,8	0,0996	117,7	40	0,0496	58,9
75	0,2440	288,50	67,5	0,1830	218,9	58,3	0,1220	145,9	43,8	0,061	72,9
80	0,2958	354,64	72,1	0,2109	255,1	62,7	0,1479	180,0	47,5	0,073	90,0
85	0,3574	433,04	77,6	0,2681	330,0	67,4	0,1787	220,0	51,3	0,0894	110,0
90	0,4280	525,45	82,4	0,3210	401,1	71,8	0,214	267,4	55	0,107	133,7
95	0,5110	633,75	87,3	0,3830	485,0	76,5	0,255	323,4	58,5	0,128	161,7
100	0,6060	760,0	93	0,4845	619,0	81	0,303	412,6	62	0,1515	206,3

Tabelle XIV. (Siehe Seite 40.)

Wärmeinhalt (WE.) in 1 kg trockner Luft und 1 kg 100 ÷ 10 % gesättigter Luft.

Temperatur	Dampf in 1 kg Luft	Wärmeinhalt in 1 kg		
		Dampf	trockner Luft	ganz gesättigter Luft
°C	g	WE.	WE.	WE.
— 20	0,760	600	— 4,820	— 4,363
— 15	1,15	601,6	— 3,615	— 2,923
— 10	1,72	603,2	— 2,410	— 1,373
— 5	2,797	604,8	— 1,205	0,695
0	3,855	606,5	0	2,333
5	5,519	608,03	1,205	4,561
10	7,71	609,55	2,41	7,015
15	10,93	611,08	3,615	10,275
20	14,80	612,60	4,820	13,907
25	20,10	614,13	6,025	18,365
30	27,50	615,65	7,230	24,197
35	36,55	617,18	8,43	31,023
40	48,92	618,70	9,640	39,906
45	64,61	620,23	10,84	50,89
50	86,69	621,76	12,05	65,95
55	115,7	623,28	13,25	85,05
60	153,3	624,80	14,45	111,33
65	206,0	626,33	15,66	144,61
70	279,5	627,85	16,87	192,08
75	387,5	629,38	18,07	262,12
80	552,8	630,90	19,28	368,8
85	844,0	632,43	20,48	553,88
90	1430	633,95	21,69	928,29
95	3211	635,48	22,89	2026,89
100	∞	637	24,10	∞

Tabellen XV, XVI, XVII. (Siehe Seite 41.)

Luftgewicht und Volumen sowie Wärmeaufwand, um 100 Kilo Wasser zu verdunsten bei Außentemperaturen — 20 bis + 20° C. — den Höchsttemperaturen 30° bis 90°, wenn die Luft auf diese Temperaturen vorgewärmt und im Trockenraum auf diesen erhalten wird. — Barometerstand 760 mm.

Tabelle XV.

Außenluft ganz — Austrittsluft ³/₄ gesättigt.

Temperatur der kalten Luft t_a	Gewicht der Luft l kg	Wasser in der Luft $l \cdot d_a$ kg	Volumen der kalten Luft V_{la}	Volumen der heißen Luft V_{lh}	WE. C_s
		$t_h = 30°$			
— 20	5 076	3,85	3 610	4 500	122 850
— 10	5 347	9,28	4 005	4 740	111 020
0	6 024	23,29	4 700	5 340	105 760
10	7 874	60,50	6 490	6 950	100 300
20	17 543	259,0	14 906	14 660	115 960
		$t_h = 40°$			
— 20	2 915	2,28	2 090	2 732	104 140
— 10	3 003	5,16	2 240	2 814	98 300
0	3 205	12,40	2 500	3 000	93 180
10	3 650	28,05	2 950	3 417	88 930
20	4 926	72,70	4 188	4 617	86 400
		$t_h = 50°$			
— 20	1 620	1,28	1 160	1 625	89 450
— 10	1 647	2,82	1 230	1 650	86 080
0	1 706	6,60	1 330	1 716	82 590
10	1 828	9,66	1 485	1 830	80 060
20	2 096	30,00	1 790	2 100	77 860
		$t_h = 60°$			
— 20	926	0,76	662	1 030	80 100
— 10	934	1,70	700	1 040	78 100
0	951	3,68	741	1 053	76 165
10	991	7,7	820	1 101	74 350
20	1 064	15,9	905	1 183	72 700

Tabelle XV.

Temperatur der kalten Luft t_a	Gewicht der Luft l kg	Wasser in der Luft $l \cdot d_a$ kg	Volumen der kalten Luft V_{la}	Volumen der heißen Luft V_{lh}	WE. C_s
			$t_h = 70^0$		
— 20	532	0,41	380	670	73 930
— 10	535	0,90	400	674	72 740
0	540	2,00	420	675	71 600
10	552	4,23	448	690	70 490
20	575	8,50	495	720	69 550
			$t_h = 80^0$		
— 20	316	0,24	226	316	70 000
— 10	317	0,56	239	318	69 340
0	319	1,30	248	320	68 580
10	323	2,48	262	324	67 890
20	331	5,0	300	332	67 360
			$t_h = 90^0$		
— 20	143	0,11	100	311	66 240
— 10	143	0,24	108	313	65 800
0	144	0,53	112	315	65 600
10	145	1,11	118	317	65 200
20	146	2,10	128	319	64 950

Tabelle XVI.

Außenluft ganz — Austrittsluft ½ gesättigt.

Temperatur der kalten Luft t_a	Gewicht der Luft l kg	Wasser in der Luft $l \cdot d_a$ kg	Volumen der kalten Luft V_{la}	Volumen der heißen Luft V_{lh}	WE. C_s
			$t_h = 30^0$		
— 20	8 064	6,15	5 765	7 070	178 300
— 10	8 347	14,36	6 240	7 316	142 500
0	10 173	39,37	8 580	8 916	135 580
10	16 700	128,76	14 190	14 639	143 000
			$t_h = 40^0$		
— 20	4 237	3,22	3 027	3 980	122 980
— 10	4 424	7,61	3 300	4 070	115 200
0	4 878	18,84	3 870	4 484	109 180
10	5 988	67,9	4 840	5 520	106 060
20	10 416	154,0	9 000	9 585	115 360

Tabelle XVI.

Temperatur der kalten Luft t_a	Gewicht der Luft l kg	Wasser in der Luft $l.d_a$ kg	Volumen der kalten Luft V_{la}	Volumen der heißen Luft V_{lh}	WE. C_s
		$t_h = 50^0$			
— 20	2 364	1,75	1 690	2 304	101 840
— 10	2 415	4,13	1 807	2 353	97 060
0	2 551	9,86	2 000	2 486	92 850
10	2 824	21,67	2 300	2 752	89 940
20	3 533	62,3	3 005	3 443	89 600
		$t_h = 60^0$			
— 20	1 312	0,90	916	1 247	87 460
— 10	1 329	2,28	995	1 263	84 690
0	1 368	4,26	1 067	1 300	82 300
10	1 443	11,10	1 177	1 371	79 700
20	1 607	23,7	1 366	1 527	78 220
		$t_h = 70^0$			
— 20	719	0,54	514	830	77 890
— 10	725	1,24	542	836	76 340
0	735	2,83	574	848	74 820
10	758	5,83	615	875	73 480
20	800	11,8	698	923	72 250
		$t_h = 80^0$			
— 20	363	0,28	258	480	71 100
— 10	364	0,62	273	484	70 240
0	366	1,41	295	488	69 460
10	372	2,85	328	496	68 800
20	382	5,63	325	508	68 260
		$t_h = 90^0$			
— 20	140	0,11	100	222	66 240
— 10	140	0,24	109	222	65 900
0	141	0,54	110	224	65 650
10	141	1,08	114	224	65 300
20	143	2,08	125	228	65 020

Tabelle XVII.

Außenluft ganz — Austrittsluft 1/4 gesättigt.

Temperatur der kalten Luft t_a	Gewicht der Luft l kg	Wasser in der Luft $l \cdot d_a$ kg	Volumen der kalten Luft V_{la}	Volumen der heißen Luft V_{lh}	WE. C_s
		$t_h = 30^0$			
—20	16 949	12.78	12 540	14 700	264 145
—10	20 408	34 78	15 290	17 700	257 380
0	35 714	138,20	27 950	31 000	318 830
		$t_h = 40^0$			
—20	9 346	7,12	6 670	8 420	196 960
—10	10 300	17,72	7 700	9 300	183 200
0	13 158	50,88	10 250	11 789	228 500
10	27 000	207,9	22 000	24 366	257 875
		$t_h = 50^0$			
—20	5 291	3,83	3 780	5 000	151 560
—10	5 580	9,81	4 170	5 280	141 360
0	6 329	24,40	4 950	6 030	137 650
10	8 333	63,9	6 500	7 930	122 770
20	20 400	298,0	17 300	19 245	202 050
		$t_h = 60^0$			
—20	3 425	2,60	2 460	3 420	127 700
—10	3 546	6,09	2 650	3 546	121 650
0	3 831	14,81	2 985	3 825	117 460
10	4 348	33,2	3 530	4 340	114 850
20	6 579	97,2	5 590	6 570	128 900
		$t_h = 70^0$			
—20	1 937	1,47	1 390	2 050	103 990
—10	1 976	3,39	1 595	2 090	99 300
0	2 062	7,83	1 675	2 180	96 870
10	2 287	17,15	1 950	2 472	94 900
20	2 660	39,3	2 260	2 812	95 000
		$t_h = 80^0$			
—20	1 221	0,93	872	1 400	91 500
—10	1 236	2,10	924	1 410	89 050
0	1 269	4,87	995	1 440	86 740
10	1 333	10,26	1 090	1 512	84 900
20	1 473	21,7	1 251	1 561	84 100
		$t_h = 90^0$			
—20	752	0,57	539	940	84 890
—10	758	1,30	567	947	80 600
0	769	3,01	600	961	78 700
10	794	6,10	700	961	77 700
20	840	12,4	714	1 050	77 200

Tabellen XVIII, XIX, XX. (Siehe Seite 42.)

Luftgewichte und Volumina — Austrittstemperaturen und Wärmeaufwand, um 100 kg Wasser zu verdunsten bei Außentemperaturen —20, ±0, +30°, den Maximaltemperaturen 35, 50, 70, 100, 130°, wenn Außenluft und Austrittsluft ganz mit Wasserdunst gesättigt sind.

XVI. beim absoluten Druck von 1140 mm ($1\frac{1}{2}$ Atm. abs.)
XVII. - - - - 500 - } Luftverdünnung.
XVIII. - - - - 250 - }

(Nur Vorwärmung.)

Tabelle XVIII.

Außenluft und Austrittsluft ganz gesättigt.
Druck im Trockenraum q = 1140 mm (½ Atm. Überdruck).

1	2	3	4	5	6	7	8
Außentemperatur der Luft	Temperatur der Luft beim Austritt	Gewicht der trockenen Luft l	Gewicht der Feuchtigkeit in der Luft l d_a	Volumen der Luft beim Eintritt V_{la}	Volumen der Luft nach der Erhitzung V_{lh}	Volumen der Luft beim Austritt V_{ln}	Wärmeaufwand zum Erhitzen der Luft C_s
t_a	t_n	kg	kg	cbm	cbm	cbm	WE.
Höchsttemperatur t_h = 35 °C.							
—20	16,5	14 300	10,91	10 280	8 318	7 665	187 000
± 0	19,75	17 240	66,6	12 464	10 077	9 860	144 410
+30	—	—	—	—	—	—	—
Höchsttemperatur t_h = 50 °C.							
—20	22	9 430	7,2	6 782	5 760	5 341	157 010
± 0	25	10 500	40,6	7 591	6 443	5 947	125 650
+30	39,75	25 000	687,6	22 385	15 920	14 750	125 540
Höchsttemperatur t_h = 70 °C.							
—20	28	6 235	4,75	4 480	4 039	3 554	131 470
± 0	30,75	6 666	25,8	4 819	4 339	3 933	111 650
+30	43,75	9 260	257,8	8 292	6 251	5 538	92 960
Höchsttemperatur t_h = 100 °C.							
—20	36	4 085	3,1	2 935	2 904	2 395	116 604
± 0	37,5	4 180	16,2	3 022	2 986	2 849	100 100
+30	47,5	4 760	130,9	4 261	3 527	2 856	83 300
Höchsttemperatur t_h = 130 °C.							
—20	41,5	2 930	2,22	2 014	2 230	1 758	104 750
± 0	42,5	3 000	11,61	2 170	2 294	1 840	93 210
+30	51	3 205	88,14	2 870	2 543	1 955	80 200

Tabelle XIX.

Außenluft und Austrittsluft ganz gesättigt.
Druck im Trockenraum q = 500 mm (= 260 mm Vakuum).

1	2	3	4	5	6	7	8
Außentemperatur der Luft	Temperatur der Luft beim Austritt	Gewicht der trockenen Luft l	Gewicht der Feuchtigkeit in der Luft $l d_a$	Volumen der Luft			Wärmeaufwand zum Erhitzen der Luft C_s
				beim Eintritt V_{la}	nach der Erhitzung V_{lh}	beim Austritt V_{ln}	
t_a	t_n	kg	kg	cbm	cbm	cbm	WE.
Höchsttemperatur t_h = 35 °C.							
— 20	8,75	10 000	7,63	7 184	13 260	12 662	130 790
± 0	11,25	10 950	42,4	7 916	14 588	12 900	91 756
+ 30	25,2	25 000	687,5	22 385	34 557	34 065	31 385
Höchsttemperatur t_h = 50 °C.							
— 20	13	7 143	5,44	5 135	9 941	9 085	118 930
± 0	15,5	7 559	35,2	5 465	10 585	10 400	90 500
+ 30	27,33	11 000	302,5	9 850	15 962	15 135	55 240
Höchsttemperatur t_h = 70 °C.							
— 20	18	5 000	3,82	3 597	7 390	6 698	107 010
± 0	20,1	5 235	20,2	4 075	7 782	6 843	87 640
+ 30	30,25	6 250	171,8	5 596	9 630	8 825	62 800
Höchsttemperatur t_h = 100 °C.							
— 20	24	3 440	2,62	2 473	5 511	4 665	98 280
± 0	25,5	3 505	13,6	2 534	5 643	4 875	83 800
+ 30	33,75	3 816	104,9	3 417	6 376	5 264	66 920
Höchsttemperatur t_h = 130 °C.							
— 20	29,25	2 470	1,89	1 795	4 288	3 286	88 200
± 0	29,75	2 602	10,1	1 884	4 540	3 575	80 990
+ 30	36,75	2 700	74,25	2 418	4 888	4 150	74 360

Tabelle XX.

Außenluft und Austrittsluft ganz gesättigt.

Druck im Trockenraum q = 250 mm (= 510 mm Vakuum).

1	2	3	4	5	6	7	8
Aufsentemperatur der Luft	Temperatur der Luft beim Austritt	Gewicht der trockenen Luft l	Gewicht der Feuchtigkeit in der Luft l d_a	Volumen der Luft			Wärmeaufwand zum Erhitzen der Luft C_s
				beim Eintritt V_{la}	nach der Erhitzung V_{lh}	beim Austritt V_{ln}	
t_a	t_n	kg	kg	cbm	cbm	cbm	WE.
Höchsttemperatur t_h = 35 °C.							
− 20	1,5	7 874	6,0	5 660	20 875	20 152	108 515
± 0	3,75	8 403	32,5	6 082	22 414	20 543	70 350
+ 30	15,75	12 820	352,6	11 480	35 447	33 272	25 920
Höchsttemperatur t_h = 50 °C.							
− 20	5,5	5 900	4,5	4 239	16 403	14 514	98 280
± 0	7,25	6 060	23,5	4 383	16 826	15 310	72 500
+ 30	17,75	8 130	223,57	7 280	23 512	21 010	40 820
Höchsttemperatur t_h = 70 °C.							
− 20	9,5	4 340	3,31	3 120	12 817	11 480	92 880
± 0	11	4 464	17,2	3 230	13 241	11 500	74 760
+ 30	20,25	5 000	127,5	4 478	15 284	12 642	50 000
Höchsttemperatur t_h = 100 °C.							
− 20	14,6	3 033	2,31	2 167	9 716	8 056	86 640
± 0	16	3 102	12	2 243	10 008	8 116	74 200
+ 30	23	3 280	90,2	2 937	10 905	9 144	57 470
Höchsttemperatur t_h = 130 °C.							
− 20	18,75	2 381	1,8	1 711	8 260	6 362	75 050
± 0	19,75	2 385	9,2	1 724	8 299	6 240	74 100
+ 30	25,75	2 400	66	2 149	8 582	6 917	60 000

Tabelle XXI. (Siehe Seite 50.)

Wiedergewinn von $^3/_4 - ^1/_2 - ^1/_4$ der Wärme aus

Temperaturen der vorgewärmten Frischluft t_m und der gekühlten

1	2	3	4	5	6	7	8 ↑	9 ↓
			Volumen der				Temperatur der Luft, wenn sie	
Temperatur der kalten Luft t_a	Gewicht der Luft	Wasser in der kalten Luft	kalten Luft v_{la}	heißen Luft v_{lh}	WE für das Trocknen erforderlich	1 Kilo Luft muß dazu aufnehmen	aufgenommen hat $^3/_4$ C_s $^3/_4$ Sättigung	abgegeben hat $^3/_4$ C_s 0,9 Sättigung
°C.	kg	kg	cbm	cbm	C_s	WE	t_m	t_n
				Höchsttemperatur $t_h = 30°$.				
— 20	5 076	3,85	3 610	4 500	122 850	24,2	23,5	0,75
— 10	5 347	9,28	4 005	4 750	111 020	20,7	24	4,75
0	6 024	23,29	4 700	5 340	105 760	17,5	25,25	10,25
10	7 874	60,50	6 490	6 950	100 300	12,7	27	16,5
20	17 543	259,0	14 780	15 508	115 960	6,6	29	23,4
30	—	—	—	—	—	—	—	—
				Höchsttemperatur $t_h = 40°$.				
— 20	2 915	2,28	2 090	2 732	104 140	35,7	33	6,2
— 10	3 003	5,16	2 240	2 814	98 300	32,8	33,5	10,5
0	3 205	12,40	2 500	3 000	93 180	29,1	34,5	15,2
10	3 650	28,05	2 950	3 417	88 930	24,3	35,5	20,25
20	4 926	72,70	4 188	4 617	86 400	17,5	37,0	26,1
30	6 849	140,4	6 054	6 405	82 667	12,07	38,5	33
				Höchsttemperatur $t_h = 50°$.				
— 20	1 620	1,28	1 160	1 625	89 450	55,24	43,5	15,2
— 10	1 647	2,82	1 230	1 650	86 080	52,30	43,8	18,5
0	1 703	6,60	1 330	1 716	82 590	48,50	44,1	22,25
10	1 826	9,66	1 485	1 830	80 060	43,80	45,0	26
20	2 096	30,0	1 790	2 100	77 860	37,15	45,5	30,75
30	2 242	45,96	2 062	2 266	69 502	31,00	46,2	37,2

Tabelle XXI.

der heißen Abluft für 100 Kilo Wasserverdunstung.

Abluft t_n. Temperaturunterschied ϑ_m und Kondenswassergewicht.

10	11	12	13	14	15	16	17	18	19
		↑	↓			↑	↓		
Mittlerer Temperaturunterschied bei der Rückkühlung	Kondensiertes Wasser	Temperatur der Luft, wenn sie aufgenommen hat 1/2 C_s 3/4 Sättigung	Temperatur der Luft, wenn sie abgegeben hat 1/2 C_s 0,9 Sättigung	Mittlerer Temperaturunterschied bei der Rückkühlung	Kondensiertes Wasser	Temperatur der Luft, wenn sie aufgenommen hat 1/4 C_s 3/4 Sättigung	Temperatur der Luft, wenn sie abgegeben hat 1/4 C_s 0,9 Sättigung	Mittlerer Temperaturunterschied bei der Rückkühlung	Kondensiertes Wasser
ϑ_m	kg	t_m	t_n	ϑ_m	kg	t_m	t_n	ϑ_m	kg
				Höchsttemperatur $t_h = 30^0$.					
11,7	99,5	11,25	10,5	24,5	62,42	0,2	21,5	35	29,6
8	83,8	16	14,5	19	59,35	5,5	21,8	28	29
7	81,2	19,75	17,5	13	54,2	12	23,2	20,5	25,64
4,2	77	22,7	21	9	49,6	18,5	24,7	13	18,1
2	75,3	27,5	25,1	3,6	42,1	25,5	27,0	5,7	0
—	—	—	—	—	—	—	—	—	—
				Höchsttemperatur $t_h = 40^0$.					
16,5	87	24	21	25,5	60,3	4,5	30,25	42,5	29,9
12	84,3	25	22,6	23,0	56,7	12,4	30,8	34	29,5
9	81	27	25	19	54	17	31,5	27	22,7
7	78,5	29	27,25	14	50	22,5	32,6	20	23,3
4,3	74,4	33	30,25	8,5	46,5	29	33,9	12,4	18,7
2,25	58	35,75	33	4	39,3	30,12	35,5	7,7	7,3
				Höchsttemperatur $t_h = 50^0$.					
17,6	89,5	34	32	32	60,1	17	40,5	47	31,7
15	86,7	35	32,25	26	60,0	20,3	41	40	29,69
12	84,3	36,5	33,75	22,5	58,5	24	41,4	33,5	28,17
9,5	83,1	38,5	35,1	18	58,0	28,5	42	27	27,5
7	79	40,5	37,5	13,5	57,8	33,5	42,6	19,5	27
5,5	61,4	42,4	39,5	8,4	49,77	34,25	44	18,8	20,81

Tabelle XXI. (Fortsetzung.)

1	2	3	4	5	6	7	8	9
			Volumen der				↑ Temperatur der Luft, wenn sie	↓
Temperatur der kalten Luft t_a	Gewicht der Luft	Wasser in der kalten Luft	kalten Luft V_{la}	heißen Luft V_{lh}	WE für das Trocknen erforderlich	1 Kilo Luft muß dazu aufnehmen	aufgenommen hat $^3/_4$ C_s $^3/_4$ Sättigung	abgegeben hat $^3/_4$ C_s 0,9 Sättigung
°C.	kg	kg	cbm	cbm	C_s	WE	t_m	t_n
			Höchsttemperatur $t_h = 60°$.					
— 20	926	0,76	662	1030	80 100	86,5	53,8	25,25
— 10	934	1,70	700	1040	78 100	83,6	54,5	27,5
0	951	3,68	741	1053	76 165	80,0	55	30
10	991	7,70	820	1101	74 350	74,0	55,5	32,75
20	1064	15,9	905	1183	72 700	66,3	56	36,75
30	1130	23,2	998	1254	68 740	60,535	56,4	39,25
			Höchsttemperatur $t_h = 70°$.					
— 20	532	0,41	380	670	73 930	139	64,25	36,3
— 10	535	0,90	400	674	72 740	136	64,3	37,5
0	540	2,0	420	675	71 600	132,92	64,5	39,9
10	552	4,23	448	690	70 490	127,7	64,75	41,5
20	575	8,5	495	720	69 550	121	65	43,5
30	594	12,17	525	754	6 860	115,5	65,2	45,5
			Höchsttemperatur $t_h = 80°$.					
— 20	316	0,24	226	474	70 000	221,5	73,8	47,25
— 10	317	0,56	239	475	69 340	218,7	73,8	47,75
0	319	1,30	248	479	68 580	215	74	48,75
10	323	2,48	262	485	67 890	210	74	50
20	331	5,0	300	497	67 360	203,5	74,25	51,5
30	338	7,9	305	507	6 700	201,9	74,50	53,75
			Höchsttemperatur $t_h = 90°$.					
— 20	143	0,11	100	311	66 240	463	85,2	62,5
— 10	143	0,24	108	313	65 800	460,1	85,3	62,6
0	144	0,53	112	315	65 600	455	85,4	63
10	145	1,11	118	317	65 200	450	85,5	63,8
20	146	2,10	128	319	64 950	445	85,7	64,5
30	147	3,9	130	331	64 500	445,3	86	65,25

Tabelle XXI. (Fortsetzung.)

10	11	12	13	14	15	16	17	18	19
Mittlerer Temperaturunterschied bei der Rückkühlung	Kondensiertes Wasser	↑ Temperatur der Luft, wenn sie aufgenommen hat $^1/_2$ C_s $^3/_4$ Sättigung	↓ Temperatur der Luft, wenn sie abgegeben hat $^1/_2$ C_s 0 9 Sättigung	Mittlerer Temperaturunterschied bei der Rückkühlung	Kondensiertes Wasser	↑ Temperatur der Luft, wenn sie aufgenommen hat $^1/_4$ C_s $^3/_4$ Sättigung	↓ Temperatur der Luft, wenn sie abgegeben hat $^1/_4$ C_s 0,9 Sättigung	Mittlerer Temperaturunterschied bei der Rückkühlung	Kondensiertes Wasser
ϑ_m	kg	t_m	t_n	ϑ_m	kg	t_m	t_n	ϑ_m	kg
				Höchsttemperatur $t_h = 60^0$.					
19,5	83,7	44,5	41,25	35,8	56,7	28,9	50,25	50,5	28,7
17	81,9	45	42,25	32	54,5	30	50,5	45	26,1
13,8	80,1	46	43	25	53,4	32,6	50,75	38,5	25,9
11,3	78,5	47	44,5	22	51	35,8	51	32,5	25,8
9,2	76,8	49	45,5	17	51,9	40	52	26	23,6
6,6	74,1	50	46,5	13,2	50,3	42,5	52	19,7	23,4
				Höchsttemperatur $t_h = 70^0$.					
21,8	81,39	55,6	52	36	53,2	39,75	60,5	58	27
19,5	80,7	56,25	52,5	31,5	52,5	41	60,7	49	26,1
17,3	78,3	57	53	28	51,6	42,5	60,9	43	22,1
14,7	77,6	57,5	53,5	25,2	49,8	45	61,25	38	21,5
11,7	77,6	58,5	54,75	20,2	48,6	47	61,5	32	20,7
6,1	76,12	59,25	55,6	16,8	48,0	49	61,85	26,4	20,2
				Höchsttemperatur $t_h = 80^0$.					
26,1	79	65,25	61,5	37,5	52,1	50,5	69	53	24,60
23	78,8	65,5	62	34	51,7	51	69,1	48	24,4
20,9	77,8	65,8	62,25	33	51,0	52,5	69,2	43	24,2
18	77,1	66,25	62,5	27,6	50,5	54	69,3	40	24,0
14,4	76,7	67	63	25,6	49,9	55,5	69,5	36,5	23,5
12,4	75,1	67,6	64	21	48,4	57,5	70	31,2	22,8
				Höchsttemperatur $t_h = 90^0$.					
27,5	77,6	79,7	75	38	50	66	81	60	21,3
24	77,4	79,75	75	35,8	50,1	66,5	81	53	21,3
22	76,8	79,8	75	32,8	50,4	67	81,2	47	21,4
20	76,2	80	75,25	30	50,8	67,5	81,3	40	21,6
17	75,9	80,25	75,5	27,0	50	69,1	81,5	36	21,9
14,4	75,3	80,5	76	24	47,4	69,5	82	34,3	20

Tabelle XXII. (Siehe Seite 54.)

Luftgewicht, das erwärmt, und Wassergewicht, das von diesem aufgetrocknet verlassenden Rück-

Die Erwärmung des Rückstandes und der Gestelle erfordere n mal so viel Wärme als die Verdunstung des Wassers				n =	0,1
Das ist für 100 Kilo Wasserverdunstung = ...					6000
Davon werde ¾ nutzbar gemacht, das ist = ...					4500
Temperatur der Außenluft	**1 Kilo Luft kann aufnehmen von t_a bis t_m**		**Die Luft erwärme sich am Rückstand etc. bis**		**Dann können**
	Tab. XII (ganz gesättigt)	**(¾ gesättigt)**			
t_a	**WE**	**kg Wasser**	t_m		
		Rückstandstemperatur t_h = 30° C.			
— 20	23	0,0141	25°	l_2	187
				W_2	**2,63**
0	16	0,01099		l_2	280
				W_2	**3**
+ 10	8	0,00714		l_2	563
				W_2	**4**
		Rückstandstemperatur t_h = 40° C.			
— 20	25	0,0197	30°	l_2	180
				W_2	**3,54**
0	18	0,0166		l_2	250
				W_2	**4,1**
+ 20	5,8	0,0057		l_2	772
				W_2	**4,4**
		Rückstandstemperatur t_h = 50° C.			
- 20	36	0,0343	40°	l_2	125
				W_2	**4,28**
0	29	0,0312		l_2	156
				W_2	**4,86**
+ 30	7	0,0076		l_2	643
				W_2	**4,80**

Tabelle XXII.

werden kann durch Entnahme der Wärme aus dem den Trockenraum heiß stand, den Gestellen etc.

0,3	0 5	0,7	0,9	1,25	1,5
18 000	30 000	42 000	54 000	75 000	90 000 WE
13 500	22 500	30 750	40 500	56 250	67 500 -

durch den Rückstand und die Gestelle l_2 kg Luft von t_a auf t_m erwärmt und von dieser Luft w_2 kg Wasser (fettgedruckt) aufgenommen werden.

		Rückstandstemperatur $t_h = 30^0$ C.			
587	934	1337	1760	2440	2930 kg
8,2	**13,17**	**18,85**	**24,8**	**34,3**	**41,3** -
842	1406	1921	2531	3516	4219 -
9,2	**15,4**	**21**	**27**	**38,3**	**46,3** -
1685	2813	3842	5060	7032	8438 -
12,0	**20**	**27,4**	**35,78**	**50**	**60,0** -
		Rückstandstemperatur $t_h = 40^0$ C.			
540	900	1230	1620	2250	2700 kg
10,5	**17,2**	**24,2**	**32**	**44**	**53,1** -
750	1250	1708	2250	3150	3750 -
12,4	**20,7**	**28,3**	**37,3**	**51,8**	**62,25** -
2333	3866	5300	7000	9700	11 600 -
13,5	**22,5**	**30,7**	**40,5**	**56,2**	**66,1** -
		Rückstandstemperatur $t_h = 50^0$ C.			
375	625	864	1125	1562	1875 kg
12,75	**21,4**	**29,28**	**38,6**	**53,5**	**66,1** -
466	776	1061	1400	1939	2329 -
14,15	**24,24**	**33,00**	**43,7**	**60,00**	**72,6** -
1929	3217	4393	5786	8036	9650 -
15	**24,4**	**33,3**	**43,9**	**61**	**73,34** -

Tabelle XXII. (Fortsetzung.)

Die Erwärmung des Rückstandes und der Gestelle erfordere n mal so viel Wärme als die Verdunstung des Wassers } n =	0,1
Das ist für 100 Kilo Wasserverdunstung = ...	6000
Davon werde 3/4 nutzbar gemacht, das ist = ...	4500

Temperatur der Außenluft t_a	1 Kilo Luft kann aufnehmen von t_a bis t_m Tab. XII (ganz gesättigt) WE	(3/4 gesättigt) kg Wasser	Die Luft erwärme sich am Rückstand etc. bis t_m		Dann können
Rückstandstemperatur t_h = 60° C.					
− 20	45	0,0469	45°	l_2	100
				w_2	**4,69**
0	38	0,0437		l_2	125
				w_2	**5,46**
+ 30	16,14	0,0201		l_2	280
				w_2	**5,6**
Rückstandstemperatur t_h = 70° C.					
− 20	65	0,076	55°	l_2	69
				w_2	**5,3**
0	60	0,072		l_2	74
				w_2	**5,32**
+ 30	38	0,0485		l_2	117,4
				w_2	**5,60**
Rückstandstemperatur t_h = 80° C.					
− 20	110	0,142	65°	l_2	41
				w_2	**5,82**
0	103	0,140		l_2	44
				w_2	**6,1**
+ 30	85	0,115		l_2	55
				w_2	**6,3**
Rückstandstemperatur t_h = 90° C.					
− 20	140	0,189	70°	l_2	32
				w_2	**6,1**
0	133	0,185		l_2	34
				w_2	**6,0**
+ 30	115	0,161		l_2	39
				w_2	**6,4**

Tabelle XXII. (Fortsetzung.)

0,3	0,5	0,7	0,9	1,25	1,5
18 000	30 000	42 000	54 000	75 000	90 000 WE
13 500	22 500	30 750	40 500	56 250	67 500

durch den Rückstand und die Gestelle l_2 kg Luft von t_a auf t_m erwärmt und von dieser Luft w_2 kg Wasser (fettgedruckt) aufgenommen werden.

		Rückstandstemperatur t_h = 60° C.			
300	500	685	900	1250	1500 kg
14	**23,4**	**32,1**	**42,2**	**58,7**	**70,5** -
355	600	809	1070	1480	1800 -
15,5	**26,2**	**35,35**	**46,7**	**64,67**	**78,6** -
840	1396	1905	2505	3486	4185 -
16,8	**28,0**	**38**	**50,0**	**69,7**	**84,1** -
		Rückstandstemperatur t_h = 70° C.			
208	346	473	623	865	1038 kg
15,8	**26,3**	**35,9**	**47,3**	**65,7**	**78,8** -
221	369	504	664	922	1106 -
15,9	**26,5**	**36,2**	**41,2**	**66,3**	**79,6** -
352	587	805	1113	1540	1760 -
17	**28,45**	**38,8**	**51,5**	**71,0**	**85,40** -
		Rückstandstemperatur t_h = 80° C.			
123	205	279	368	511	614 kg
17,4	**29,1**	**39,6**	**52,2**	**72,5**	**87,1** -
131	219	298	393	545	655 -
17,2	**30,6**	**41,7**	**52**	**73,5**	**91** -
159	265	362	476	662	794 -
18,2	**30,4**	**41,8**	**54,7**	**76,1**	**91,3** -
		Rückstandstemperatur t_h = 90° C.			
94	162	219	282	402	481 kg
18,8	**30,2**	**41,4**	**53,3**	**76**	**90,9** -
101	169	231	304	423	508 -
18,6	**31,2**	**42,2**	**56**	**78,2**	**93,9** -
117	196	267	352	490	588 -
18,8	**31,5**	**43**	**56.8**	**78,8**	**94,66** -

Tabelle XXIII. (Siehe Seite 61.)

Dampfgewichte und Volumina vor und nach der Erhitzung, um bei den absoluten Drucken 148 bis 2660 mm Q

			60°	75°	90°
	Temperatur innen: t_n =				
	Absoluter Druck: mm		148	288	525
	oder Vakuum: mm		612	472	235
t_h = 65° C.	Dampfgewicht	D =	26 315	—	—
	Dampfvolumen vor der Erhitzung	V_{dn} =	201 528	—	—
	Dampfvolumen nach der Erhitzung	V_{dh} =	206 843	—	—
t_h = 70° C.	Dampfgewicht	D =	13 158	—	—
	Dampfvolumen vor der Erhitzung	V_{dn} =	101 245	—	—
	Dampfvolumen nach der Erhitzung	V_{dh} =	105 001	—	—
t_h = 75° C.	Dampfgewicht	D =	8 778	—	—
	Dampfvolumen vor der Erhitzung	V_{dn} =	67 630	—	—
	Dampfvolumen nach der Erhitzung	V_{dh} =	70 997	—	—
t_h = 80° C.	Dampfgewicht	D =	6 579	26 316	—
	Dampfvolumen vor der Erhitzung	V_{dn} =	52 954	111 054	—
	Dampfvolumen nach der Erhitzung	V_{dh} =	54 027	107 790	—
t_h = 85° C.	Dampfgewicht	D =	5 263	13 158	—
	Dampfvolumen vor der Erhitzung	V_{dn} =	40 714	56 316	—
	Dampfvolumen nach der Erhitzung	V_{dh} =	43 836	54 005	—
t_h = 90° C.	Dampfgewicht	D =	4 386	8 778	—
	Dampfvolumen vor der Erhitzung	V_{dn} =	34 224	38 097	—
	Dampfvolumen nach der Erhitzung	V_{dh} =	37 017	36 363	—
t_h = 95° C.	Dampfgewicht	D =	3 760	6 579	26 316
	Dampfvolumen vor der Erhitzung	V_{dn} =	29 448	28 948	63 527
	Dampfvolumen nach der Erhitzung	V_{dh} =	32 816	27 357	61 474

Tabelle XXIII

100 kg Wasser im Kreislauftrockenapparat ohne Luft zu verdunsten und den Erhitzungstemperaturen 65 bis 200° C.

Temperatur innen: t_n =		100°	110°	120°	130°	140°
Absoluter Druck in mm		760	1064	1520	2090	2660
Absoluter Druck in Atmosph.		1	1,4	2,0	2,75	3,5
t_h = 110° C.	D =	13 157	—	—	—	—
	V_{dn} =	22 422	—	—	—	—
	V_{dh} =	22 827	—	—	—	—
t_h = 120° C.	D =	6 579	13 157	—	—	—
	V_{dn} =	10 876	15 933	—	—	—
	V_{dh} =	11 447	17 696	—	—	—
t_h = 130° C.	D =	4 386	6 579	13 157	—	—
	V_{dn} =	7 237	7 967	10 315	—	—
	V_{dh} =	7 807	9 079	11 605	—	—
t_h = 140° C.	D =	3 473	4 386	6 579	13 157	—
	V_{dn} =	5 730	5 311	5 658	8 394	—
	V_{dh} =	6 321	6 197	5 947	8 605	—
t_h = 150° C.	D =	2 632	3 473	4 386	6 579	13 157
	V_{dn} =	4 343	4 206	3 772	4 197	6 684
	V_{dh} =	4 922	6 174	4 057	4 408	6 842
t_h = 160° C.	D =	2 193	2 632	3 473	4 386	6 579
	V_{dn} =	3 618	3 187	2 987	2 798	3 342
	V_{dh} =	4 145	3 901	3 269	3 004	3 500
t_h = 180° C.	D =	1 644	1 879	2 193	2 632	3 473
	V_{dn} =	2 613	2 275	1 886	1 679	1 764
	V_{dh} =	3 288	2 912	2 173	1 887	1 939
t_h = 200° C.	D =	1 299	1 531	1 644	1 879	2 193
	V_{dn} =	2 143	1 854	1 414	1 199	1 114
	V_{dh} =	2 715	2 480	1 702	1 405	1 303

Tabelle XXIV. (Siehe Seite 65.)

Leistung von 1 kg Brennstoff beim

1	2	3	4	5	6
Zeile			Holz lufttrocken	Torf lufttrocken	Braunkohle erdig
1	1 kg Brennstoff besteht aus	C	0,396	0,42	0,504
2		H	—	0,014	0,018
3		H_2O	0,594	0,516	0,378
4		Asche	0,01	0,05	0,10
5	Dazu zweimal theoretische Luftmenge	Luft { kg	8,9	10,5	12,6
6		Luft { cbm (760 mm)	6,932	8,088	9,768
		darin:			
7		O 23,58 %	2,1	2,48	2,97
8		N 76,42 %	6,8	8,02	9,60
9		H_2O 3/4 gesättigt	0,071	0,084	0,101
10	Die Verbrennung ergibt: Gas und Wasser: Zeile 3 + 9 + 15; Gas: - 12 + 16 + 17	C	0,396	0,42	0,504
11		+ O_2	1 046	1,12	1,344
12		zusammen CO_2	1,442	1,54	1,848
13		O	—	0,112	0,144
14		+ H_2	—	0,014	0,018
15		zusammen H_2O	—	0,126	0,162
16		O frei	1,054	1,248	1,482
17		N frei	6,8	8,02	9,63
18		Alles Wasser	0,665	0,726	0,641
19		Die Gase allein:	9,296	10,706	12,962
20		Gas und Wasser zusammen G:	9,961	11,43	13,603
21	Wärme WE; Temperatur t_h und Volumen V_g dabei. Spez. Wärme σ_g, spez. Gew. = s_g, Kalorien c um die Gase von 1 kg Stoff um 1° zu erhöhen	Wärme aus: C =	3200	3334	4072
22		aus: H =	—	406	542
23		zusammen WE =	3200	3740	4614
24		dabei: t_h =	1040°	1102°	1212°
25		- σ_g =	0,2757	0,2783	0,2713
26		- c =	2,751	3,175	3,699
27		Gas und Wasser dabei: s_g =	0,98	1,042	1,046
28		nur Gas dabei: s =	1,073	1,076	1,066
29		- V_g =	37,56	42,75	54,26

Tabelle XXIV.

Trocknen durch direkte Feuergase.

7	8	9	10	11	12
Sinter-kohle	Backkohle	Sandkohle	Anthrazit	Koks	Holzkohle
0,704	0,766	0,796	0,877	0,92	0,88 kg
0,031	0,041	0,041	0,031	—	0,02 -
0,235	0,163	0,133	0,072	—	0,08 -
0,03	0,03	0,03	0,02	0.05	0,02 -
18	20,2	20,8	22	19,2	20,8 kg
13,954	15,564	16,09	16,982	14,883	16,032 cbm
4,24	4,76	4,91	5,19	4,53	4,91 kg
13,76	15,44	15,89	16,81	14,67	15,89 -
0,144	0,1616	0,1614	0,176	0,1536	0,1664 -
0,704	0,766	0,796	0,877	0,92	0,88 kg
1,876	2,043	2,122	2,338	2,452	2,346 -
2,580	2,809	2,918	3,215	3,372	3,226 -
0,248	0,328	0,328	0,248	—	0.16 -
0,031	0,041	0,041	0,031	—	0,02 -
0,279	0,369	0,369	0,279	—	0,180 -
2,116	2,389	2,460	2,604	2,078	2,404 -
13,76	15,440	15,89	16,81	14,67	15,89 -
0,658	0,693	0,663	0,527	0,1536	0,426 -
18,456	20,628	21,268	22,629	20,05	20,520 -
19,114	21,331	21,931	23,156	20,204	20,946 -
5688	6189	6432	7087	7433	7110 WE.
899	1179	1189	899	—	580 -
6587	7369	7621	7986	7433	7690 -
1259°	1280°	1273°	1370°	1415°	1161° C
0,2693	0,2676	0,2672	0,2635	0,2603	0,2820
5,151	5,721	5,863	6,099	5,282	5,914 WE.
1,049	1,044	1,050	1,056	1,075	1,113 -
1,076	1,062	1,063	1,066	1,082	1,122 -
78.69	89,15	91,10	97,20	87,87	76,07 -

Tabelle XXIV. (Fortsetzung.)

1	2	3	4	5	6
Zeile			Holz lufttrocken	Torf lufttrocken	Braunkohle erdig
30	Das Gas aus 1 kg Stoff enthält Wasser w bei Abgangstemperaturen t_n von 100 und mehr Grad	$t_n = 300^0$	**2,76**	**3,45**	**4,58**
31		$t_n = 250^0$	**3,02**	**3,75**	**4,94**
32		$t_n = 200^0$	**3,37**	**4,17**	**5,46**
33		$t_n = 150^0$	**3,67**	**4,56**	**5,94**
34		$t_n = 100^0$	**4,03**	**4,97**	**6,53**
35	Bei Temperatur t_n unter 100⁰ (80,9—82⁰)	1 kg trockenes Gas erhält Wasser beim Eintritt in den Trockenraum =	$d_a = 0.0716$	0,0579	0,0495
36		Abgangstemperatur: t_n =	76⁰	76,5⁰	77⁰
37		Das Gas aus 1 kg Stoff enthält dabei Wasser (gesättigt) =	**4,20**	**5,10**	**6,12**
38	Volumen V_n der abgehenden Gase (G) und Dämpfe (D) aus dem Trockenraum bei der Temperatur 80—300⁰ in cbm pro 1 kg Stoff — G	$t_n = 300^0$	16,13	18,47	22,03
39	D		7,47	9,34	12,35
40	G + D	V_n	23,60	27,81	34,38
41	G	$t_n = 250^0$	14,54	16,64	19,85
42	D		7,40	9,26	12,20
43	G + D	V_n	21,94	25,90	32,05
44	G	$t_n = 200^0$	13,44	15,39	18,36
45	D		7,48	9,25	12,12
46	G + D	V_n	20,93	24,64	30,48
47	G	$t_n = 150^0$	11,85	13,56	16,18
48	D		6,93	8,61	11,22
49	G + D	V_n	18,78	22,17	27,40
50	G	$t_n = 100^0$	10,55	12,08	14,41
51	D		6,64	8,20	10,77
52	G + D	V_n	17,19	20,28	25,18
53		$t_n = 80^0$	—	—	—
54	G + D	V_n	15,25	17,23	20,74

Wenn für 1 Kilo Brennstoff 20 kg Luft verbraucht werden und je 21 Kilo trockene Abgase 8÷12 Kilo (= 2,76÷3,63 %) Wasser aufnehmen, so wiegt 1 cbm der Mischung bei

		100⁰	150⁰	200⁰	250⁰	300⁰	
mit Wasser	2,76 %	0,812	0,710	0,631	0,571	0,519	Kilo
	3,00 %	0,804	0,702	0,624	0,564	0,513	»
	3,23 %	0,793	0,694	0,610	0,554	0,508	»
	3,44 %	0,784	0,688	0,608	0,550	0,502	»
	3,63 %	0,778	0,679	0,603	0,544	0,495	»

Tabelle XXIV. (Fortsetzung.)

7	8	9	10	11	12
Sinter-kohle	Backkohle	Sandkohle	Anthrazit	Koks	Holzkohle
6,70	**7,61**	**7,27**	**8,29**	**7,96**	**6,92 kg**
7,60	**8,16**	**8,35**	**9,03**	**8,56**	**7,53 -**
7,88	**8,93**	**9,15**	**9,85**	**9,32**	**8,30 -**
8,98	**9,66**	**9,89**	**10,64**	**10,07**	**8,99 -**
9,73	**10,76**	**10,77**	**11,55**	**10,91**	**9,84 -**
0,0357	0,0336	0,0314	0,0233	0,0076	0,020 kg
78,7°	79,5°	79,5°	79,5°	81°	77,5°
9,83	**11,24**	**11,56**	**12,49**	**11,89**	**9,92 kg**
30,94	34,57	35,47	57,50	32,72	33,85 cbm
18,15	20,72	19,70	22,49	21,57	18,75 -
49,09	55,29	55,17	59,99	54,29	52,60 -
27,88	31,09	31,97	33,72	29,49	30,51 -
18,77	21,15	20,62	22,30	21,14	18,59 -
46,65	52,24	52,59	56,02	50,63	49,10 -
25,78	28,75	29,56	31,18	27,27	28,21 -
17,49	19,82	20,31	21,86	20,69	18,42 -
43,27	48,57	49,87	52,04	47,96	46,63 -
22,72	25,34	26,06	27,48	24,03	24,87 -
16,97	18,25	18,69	20,10	19,00	16,99 -
39,69	43,59	44,75	47,58	43,03	41,86 -
20,24	22,57	23,21	24,48	21,41	22,15 -
16,05	17,62	15,32	19,00	17,93	16,23 -
36,29	40,19	38,53	43,48	39,34	38,38 -
—	—	—	—	—	—
33,31	38,0	39,2	42,20	40,3	33,6

Tabelle XXV. (Siehe Seite 78.)

Luftgewicht, Flüssigkeitsgewicht — Wärme-
um 100 Kilo Wasser **in 1** Stunde zu verdunsten mit nicht vorgewärmter ³/₄ ge-
und die Luft durch diese auf 2 bis 10° unter deren Temperatur erwärmt und
Spezifische Wärme $\sigma = 1$.
Halten die Tropfen sich nicht 1 Sek., sondern die Zeit s in Sek. im

Höchste	Niedrigste	Höchste Temperatur der Luft	Ursprüngliche Temperatur der Luft = 0°: Mittlerer Temperaturunterschied	Luftgewicht L	Erforderliche Wärme-Einheiten	Flüssigkeitsgewicht F	Tropfen-Drm. mm	Ursprüngliche: Mittlerer Temperaturunterschied	Luftgewicht L
Temperatur der Flüssigkeit									
t_m	t_n	t_l	ϑ_m	kg	WE	kg	δ	ϑ_m	kg
80	78	70	33,6	538	71 823	35 912	0,560	28,6	553
		50	50,4	1610	78 866	39 433	0,830	44,1	1750
		30	60	5680	102 240	51 120	1,000	56,7	8060
	75	70	33	538	71 823	14 365	0,220	27	553
		50	50	1610	78 866	15 773	0,330	43	1750
		30	59	5680	102 240	20 448	0,384	55	8060
	70	70	31,85	538	71 823	7 183	0,106	26,34	553
		50	47	1613	78 866	7 887	0,157	41	1750
		30	58,8	5680	102 240	10 224	0,196	52	8060
70	68	60	31,3	943	73 756	36 878	0,522	25,3	1000
		45	43,5	2240	86 135	43 068	0,725	37,6	2540
		30	53	5680	102 240	51 120	0,883	46,6	8060
	65	60	39	943	73 756	14 753	0,260	25	1000
		45	41,6	2240	86 135	17 268	0,278	36	2540
		30	47,1	5680	102 240	21 108	0,295	44,8	8060
	60	60	28	943	73 756	7 376	0,093	23,2	1000
		45	39,6	2240	86 135	8 614	0,132	34	2540
		30	49,2	5640	102 240	10 224	0,164	42,9	8060
60	58	50	26	1610	78 866	39 433	0,433	23	1750
		30	42	5680	102 240	51 123	0,700	36	8060
	55	50	26,3	1610	78 866	15 774	0,178	21,8	1750
		30	41,6	5680	102 240	21 120	0,280	34,9	8060
	50	50	25	1610	78 866	7 887	0,083	20,4	1750
		30	39,3	5680	102 240	10 224	0,131	33	8060
50	48	40	24	3110	91 652	45 826	0,400	19,5	3700
		30	32	5680	102 240	51 120	0,533	26,2	8060
	45	40	23,2	3110	91 652	18 331	0,155	18	3700
		30	31	5680	102 240	20 448	0,207	24,6	8060
	40	40	27,75	3110	91 652	9 165	0,092	16,5	3700
		30	28,97	5680	102 240	10 224	0,096	22,4	8064
40	38	30	20,9	5680	102 240	51 120	0,349	15,4	8064
	35	30	20	5680	102 240	20 448	0 333	14,4	8064
	30	30	18	5680	102 240	10 224	0,060	12,3	8064

Tabelle XXV.

aufwand und erforderliche Tropfengröße

sättigter Luft von 0—15—25°, wenn die Flüssigkeit auf 40 bis 90° vorgewärmt ist $^3/_4$ gesättigt abgeht, und wenn sich die Tropfen 1 Sek. im Arbeitsraum aufhalten. Spezifisches Gewicht = 1.

Trockenraum auf, so ist die Tropfengröße mit s zu multiplizieren.

Temperatur der Luft = 15°			Ursprüngliche Temperatur der Luft = 25°				
Erforderliche Wärme-Einheiten WE	Flüssigkeitsgewicht F kg	Tropfen-Drm. mm δ	Mittlerer Temperaturunterschied ϑ_m	Luftgewicht L kg	Erforderliche Wärme-Einheiten WE	Flüssigkeitsgewicht F kg	Tropfen-Drm. mm δ
70 118	35 059	0,477	25,91	575	69 139	34 570	0,432
73 925	36 963	0,735	40,28	1 990	71 000	35 500	0,672
94 691	47 346	0,945	51,4	17 700	82 775	41 388	0,857
70 118	14 024	0,180	25	575	69 139	13 828	0,170
73 925	14 787	0,287	40	1 990	71 000	12 200	0,270
94 691	18 940	0,470	50	17 700	82 775	16 555	0,333
70 118	7 012	0,087	23,31	575	69 139	6 914	0,077
73 925	7 393	0,044	36,9	1 990	71 000	7 100	0,123
94 691	9 469	0,065	47,6	17 700	82 775	8 278	0,158
71 793	35 897	0,421	22,6	1 060	69 139	34 570	0,377
80 551	40 271	0,627	32,7	3 055	76 821	38 411	0,545
94 691	47 346	0,777	40,72	17 700	82 775	41 388	0,679
71 793	14 359	0.170	25	1 060	69 139	13 830	0,170
80 551	16 110	0,240	36,2	3 055	76 821	15 365	0,242
94 691	1 894	0,291	47,65	17 700	82 775	16 555	0,318
71 793	7 179	0,077	19,6	1 060	69 139	6 914	0,065
80 551	8 056	0,113	29,7	3 055	76 821	7 682	0,099
94 691	9 470	0,143	37,2	17 700	82 775	8 278	0,124
73 925	36 963	0,383	19,1	1 990	71 000	35 500	0,320
94 691	47 346	0,600	31,4	17 700	82 775	41 388	0,523
73 925	14 785	0,145	18,3	1 990	71 000	14 200	0,122
94 691	18 940	0,253	30	17 700	82 775	16 555	0,200
73 925	7 393	0,068	13,6	1 990	71 000	7 100	0,045
94 691	9 469	0,110	22	17 700	82 775	8 278	0,073
84 111	42 056	0,325	16,2	4 940	79 845	39 923	0,270
94 691	47 346	0,437	21,4	17 700	82 775	41 388	0,357
84 111	16 826	0,120	14,48	4 940	79 845	15 969	0,096
94 691	18 940	0,164	20	17 700	82 775	16 555	0,133
84 111	8 411	0,055	12,3	4 940	79 845	7 985	0,041
94 691	9 470	0,075	13	17 700	82 775	8 278	0,043
94 691	47 346	0,257	11,4	17 700	82 775	41 388	0,190
94 691	18 940	0,24	10	17 700	82 775	16 555	0,167
94 691	9 470	0,041	7,24	17 700	82 775	8 278	0,024

Tabelle XXVI. (Siehe Seite 85.)

Um 100 kg Trockengut mit p % Wassergehalt auf einen Wassergehalt von p_e% zu bringen, müssen w_a kg Wasser daraus entfernt werden

$$w_a = \frac{(100 - p_a)\, p_e}{100 - p_e}.$$

Ursprünglicher Wassergehalt p_a%	Endlicher Wassergehalt p_e%									
	14	12	10	8	7	6	5	4	2	1
10	—	—	—	2,18	3,23	4,24	5,27	6,25	8,17	9,09
12	—	—	2,24	4,36	5,39	6,37	7,38	8,33	10,21	11,11
14	—	2,31	4,45	6,53	7,54	8,50	9,48	10,42	12,25	13,13
16	2,31	4,58	6,28	8,70	9,69	10,63	11,60	12,50	14,29	15,15
18	4,64	6,85	8,90	10,88	11,83	12,75	13,69	14,58	16,33	17,17
20	6,96	9,12	11,12	13,05	13,98	17,88	15,78	16,67	18,37	19,19
25	12,78	14,80	16,68	18,49	19,36	20,20	21,06	21,88	23,47	24,25
30	18,59	20,48	22,23	23,92	24,73	25,52	26,32	27,08	28,58	29,23
35	24,41	26,16	27,79	29,36	30,11	30,84	31,58	32,29	33,68	34,35
40	30,22	31,84	33,34	34,79	35,48	36,16	36,85	37,50	38,78	39,40
45	36,04	37,52	38,90	40,22	40,86	41,48	42,11	42,71	43,88	44,45
50	41,85	43,20	44,45	45,66	46,24	46,80	47,37	47,92	48,98	49,50
55	47,67	48,88	50,01	51,09	51,62	52,12	52,64	53,13	54,09	54,55
60	53,48	54,56	55,56	56,53	56,99	57,44	57,89	58,34	59,19	59,60
65	59,20	60,24	61,12	61,94	62,37	62,76	63,16	63,54	64,29	64,65
70	65,11	65,92	66,37	67,40	67,75	68,08	68,43	68,75	69,39	69,70
75	70,93	71,60	72,23	72,83	73,12	73,40	73,69	73,96	74,49	74,75
80	76,74	77,28	77,78	78,27	78,50	78,72	78,95	79,17	79,60	79,80

Tabelle XXVII. (Siehe Seite 88.)

Wärmeübergangsstrahl k (1 qm, 1° C, 1 Std.) zwischen Heizmittel und Luft auf beiden Seiten einer Metallwand.

	Luftgeschwindigkeit v in m							
	1	2	4	6	8	10	15	20
Feuergas mit v_m strömend an fast ruhende Luft . .	2—2,8	3,1—3,9	4,1—4,9	4,75—5,5	5—5,8	5,3—6	—	—
Feuergas und Luft mit gleicher Geschwindigkeit v strömend	2,5	3,7	6,5	8,5	11,0	13,0	—	—
Luft durch schmiedeeiserne Rohre von . . . 20 Dr.	5,8	10,13	17,47	24,04	30,13	35,0	49,5	61,9
strömend, um die Heizdampf 40 Dr.	5,0	8,5	14,8	20,8	26,0	30,3	42,7	53,6
oder heißes Wasser fließt 80 Dr.	4,3	7,5	12,9	17,7	22,2	25,9	36,5	45,8
Die Luft wird rechtwinklig über mit Dampf geheitzte Rohre	16	24	37	47	54	64	80	95
oder Radiatoren geblasen	—	18	27	30	43	51	72	92

Über den Wärmeschutz der Gebäude siehe mehrere Abhandlungen von Prof. Dr. O. Knoblauch und Dr. Hencky, Bayerisches Ind.- und Gewerbebl. 1919. S. 34, auch Nr. 49/50. — Gesundheitsing. 1920. Nr. 7. — Ferner: »Sparsames Bauen« 1920 (W. Ernst & Sohn, Berlin).

Tabelle XXX. (Siehe Seite 113.)

Gasvolumina V und Gasgewichte L, die stündlich aus Schornsteinen von 0,55÷3,0 m ob. Dim., bei $v_0 = 4$ m Austrittsgeschwindigkeit und Gasgewichten von $\gamma_i = 1{,}10 \div 0{,}50$ oben ausströmen.

	Gasgewicht γ_i kg	Oberer innerer Durchmesser, d_0 in Meter											
		0,55	0,75	0,90	1,00	1,25	1,50	1,75	2,00	2,25	2,50	2,75	3,00
Über zugehörige Temperaturen siehe Tabelle XXIX		Kubikmeter V stündlich $v_0 = 4$ m											
		3 269	6 360	9 151	11 300	17 620	25 400	34 560	45 216	57 250	70 700	85 455	101 700
		Gasgewichte L stündlich $v_0 = 4$ m											
	1,10	3 595	6 996	10 073	12 430	19 382	27 994	38 016	49 737	62 975	77 770	94 000	111 870
	1,00	3 269	6 360	9 158	11 300	17 620	25 400	34 560	45 216	57 250	70 700	85 455	101 700
	0,90	2 844	5 729	8 240	10 170	15 858	22 860	31 104	40 694	51 525	63 630	76 909	91 530
	0,80	2 615	5 088	7 324	9 040	14 096	20 320	27 648	36 172	45 800	56 560	68 364	81 360
	0,70	2 285	4 452	6 409	7 910	12 334	17 780	24 320	31 651	40 075	49 490	59 818	71 190
	0,60	1 971	3 816	5 791	6 780	10 572	15 240	20 736	27 129	34 350	42 420	51 273	61 020
	0,50	1 635	3 180	4 528	5 650	8 810	12 700	17 280	22 608	28 625	35 350	42 727	50 850

Ist die Austrittsgeschwindigkeit nicht $v_0 = 4$ m, sondern 3 — 5 — 6 m/sek, sind die Werte dieser Tabelle zu multiplizieren mit 0,75—1,25—1,5.

Tabelle XXXI. (Siehe Seite 113.)

Wärmeverluste gemauerter Schornsteine mit dem oberen Durchmesser $d_0 = 1$ m in WE./stunden.

Höhe des Schornsteins . . . . h =	10	15	20	25	30	40	50	60	75
Unterer Durchmesser . . . . . d_u =	1,18	1,27	1,36	1,46	1,54	1,72	1,90	2,08	2,35
Wandstärke cm =	17,5÷22,5	20÷25	22,5÷27,5	25÷30	27,5÷32,5	33,1÷37,5	37,5÷42,5	42,5÷47,5	50÷55
Mittl. Oberfläche F =	40,50	64,90	99,8	117,75	147,6	214,4	290,0	374,4	517,0
Wärmeübergang k =	2,70 WE.	2,50 WE.	2,39 WE.	2,20 WE.	2,10 WE.	1,87 WE.	1,74 WE.	1,62 WE.	1,48 WE.
Mittlerer Temperatur-Unterschied zwischen außen und innen $t_i - t_a$ 20	2 187	3 044	4 670	5 180	6 230	8 060	10 092	12 120	15 302
40	4 374	6 088	9 340	10 360	12 460	16 120	20 184	24 240	30 604
60	6 561	9 132	14 010	15 540	18 690	24 180	30 276	36 360	45 906
80	8 748	12 176	18 680	20 620	24 920	32 240	40 368	48 420	61 208
100	10 935	15 220	23 350	25 900	31 150	40 300	50 460	60 600	76 510
125	13 669	19 025	29 188	32 375	38 938	50 375	63 075	75 750	95 637
150	16 403	21 830	35 023	38 850	46 725	60 450	75 690	90 900	114 765
200	21 870	30 440	46 700	51 800	62 300	80 600	100 920	121 200	153 020
250	27 335	38 050	58 375	64 750	77 875	100 750	126 500	151 500	191 275
300	32 800	45 660	70 050	77 700	93 450	120 900	151 380	181 800	229 500

Für Schornsteine, die einen anderen Durchmesser als 1,0 m haben, sind diese Zahlen mit dem wirklichen Durchmesser des Zugsrohrs d_0 zu multiplizieren.

Tabelle XXXII. (Siehe Seite 115.)

Temperaturverlust t_v der Gase in gemauerten Schornsteinen von $d_0 = 0{,}550 \div 3{,}00$ m oberen Durchmesser, $v_0 = 4$ m Abgangsgeschwindigkeit, spezifische Wärme $\sigma = 0{,}248$, Temperaturunterschieden $(t_i - t_a) = 40 \div 300^0$ und Gasgewichten $\gamma_i = 1{,}10 \div 0{,}50$ kg/cbm.

Temp. äuß. t_a °C	Temp. inn. t_i °C	Gasgew. γ_i kg	Höhe $h_r = 15$ m				Höhe $h_r = 25$ m				Höhe $h_r = 50$ m			
			Oberer innerer Durchmesser d_0 in Meter											
			0,55 °C	1,00 °C	2,00 °C	3,00 °C	0,55 °C	1,00 °C	2,00 °C	3,00 °C	0,55 °C	1,00 °C	2,00 °C	3,00 °C
20	60	1,10	3,74	2,00	0,78	0,47	6,33	4,05	1,84	1,12	12,30	6,58	3,59	1,47
20	80	1,00	6,17	3,25	1,07	0,78	10,47	5,51	2,52	1,86	20,40	10,78	4,92	2,43
20	120	0,90	11,87	6,08	2,18	1,45	20,20	10,36	5,18	3,43	39,4	12,08	10,10	6,67
20	170	0,80	18,40	10,08	3,64	2,45	43,70	16,80	8,02	5,76	63,9	33,71	16,76	12,28
20	220	0,70	37,3	15,50	4,16	3,73	55,10	26,00	13,00	8,80	100,0	51,00	25,50	17,15
20	320	0.60	51,2	27,10	9,77	6,51	87,5	46,24	23,00	15,42	170,0	89,8	45,10	30,03
20	440	0.50	61,9	32,50	16.36	10,88	105,4	69.75	27,70	18,47	205.0	108.5	51,20	36,00

Tabelle XXXIII. (Siehe Seite 115.)

Zugstärke Z in kg oder mm WS. der Schornsteine von
Temperatur der äußeren gesättigten Luft t_a von 20÷30° und Gewichten
von 760 mm QS. (Gleichung 76

Zeilenfolge	Außenluft gesättigt L_a °C	Temperatur der Innenluft: ganz trocken Luft °C	Temperatur der Innenluft: ganz gesättigt Luft °C	Rauchgas °C: gewöhnl. Rauchgas	Rauchgas °C: Rauchgas mit 29—35 % Wassergehalt Tabelle 11 und 26	Gewicht von 1 cbm Außen-Luft gesättigt γ_a kg	Gewicht von 1 cbm Innen-Luft γ_i kg
1	— 20	48	37			1,390	1.100
2	0	..	..			1,228	..
3	+ 20	..	..			1,194	..
4	+ 30	..	..			1,139	..
5	— 20	80	57	97		1,390	1,000
6	0	..	..	..		1,228	..
7	+ 20	..	..	..		1,194	..
8	+ 30	..	..	..		1,139	..
9	— 20	119	72	139		1,390	0.900
10	0	..	..	..		1,228	..
11	+ 20	..	..	..		1,194	..
12	+ 30	..	..	..		1,139	..
13	— 20	168	82	190	100	1,390	0,800
14	0	..	..	..	..	1,228	..
15	+ 20	..	..	..	..	1,194	..
16	+ 30	..	..	..	..	1,139	..
17	— 20	231	92	256	175	1,390	0,700
18	0	..	..	..	..	1,228	..
19	+ 20	..	..	..	..	1,194	..
20	+ 30	..	..	..	..	1,139	..
21	— 20	315	100	345	235	1,390	0.600
22	0	..	..	..	..	1,228	..
23	+ 20	..	..	..	..	1,194	..
24	+ 30	..	..	..	..	1,139	..

Soll die Gasaustrittsgeschwindigkeit an der Schornsteinmündung nicht
stärke Z um etwa: 0,43—0.85—1,40 mm kleiner. — Ist v = 3 m,

Tabelle XXXIII.

h_r = 10 ÷ 70 m Höhe, bei V_0 = 4 m/sek. Austrittsgeschwindigkeit,
der inneren Luft von $\gamma_i = 0.600 \div 1.100$ kg/cbm bei Atmosphärendruck

$$Z = h(\gamma_a - \gamma_i) - \frac{v^2}{2 \cdot g} \cdot \gamma_i.$$

Die Austrittsgeschwindigkeit an der Schornsteinmündung
v = 4 m/sek.

Höhe h_r des Schornsteins in Metern.

10	15	20	25	30	40	50	60	70
2,00	3,25	4,90	6,35	7,80	10,70	13,60	16,50	19,40
1,00	2,80	3,80	4,74	6,62	8,50	10,38	12.26	14.65
0,03	0.52	0,99	1.46	1,93	2,87	3,81	4,75	5,69
—	—	—	—	0,27	0,66	1,05	1,44	1,83
3,08	5,03	6,98	8,93	10,88	14,78	18,68	22,58	26,48
2,08	3,50	4,94	6,38	7,82	11,70	13,58	16,46	19,34
1,13	2,11	3,07	4,04	5,01	6,89	8,89	10,83	12,77
0,58	1,16	1,96	2,65	3,35	4,74	6,13	7,52	8,91
4,17	6,62	9,41	11,52	13,97	18,27	23,77	28,67	33,57
3,17	5,09	7,03	8,97	10,91	14,14	18,67	22,55	26,43
2,21	3,68	5,14	6,62	8,09	11,63	13,97	16,91	19,88
1,56	2,85	4,05	5,24	6,44	8,83	11,22	14,61	16,00
5,25	8,20	11,15	14,10	17,05	22,95	28,85	34,75	40,65
4,23	6,67	9,11	11.55	13,99	18,87	20,78	28,65	33,51
3,29	5,23	7,23	9,20	11,17	15,11	19,05	22,97	27,20
2.74	4,43	6,13	7,82	9,52	12,91	16,30	19,69	23,08
6,33	9,78	13,23	16,68	20,13	27,03	33,93	40,83	47,74
5,31	8,25	11,19	14,13	17,07	22,95	28,83	34,71	40,59
5,12	6,84	9,31	11,78	14,15	19,19	24,18	29,07	34,01
3,82	6,01	8,21	10,40	12,60	16,99	21,38	25,77	30,16
7,44	11,36	15,31	19,26	23,11	31,11	39,01	46,91	54,81
6,39	9,83	13,17	16,71	21,15	27,03	33,91	40,79	47,67
5.45	8,42	11,39	14,36	17,33	23,27	29,21	35,15	41,09
4,90	7,59	10,29	12,98	15,68	21,07	26,46	31,85	39,24

v = 4 m/sek., sondern: — 5, — 6, — 7 m/sek. betragen, so ist die Zug-
so ist die Zugstärke etwa 0,35 mm größer. Gleichung 76.

Additional information of this book

(Das Trocknen mit Luft und Dampf;

978-3-662-24364-0; 978-3-662-24364-0_OSFO1) is provided:

http://Extras.Springer.com

Additional information of this book

(Das Trocknen mit Luft und Dampf;

978-3-662-24364-0; 978-3-662-24364-0_OSFO2) is provided:

http://Extras.Springer.com

Additional information of this book

(Das Trocknen mit Luft und Dampf;

978-3-662-24364-0; 978-3-662-24364-0_OSFO3) is provided:

http://Extras.Springer.com

Additional information of this book

(Das Trocknen mit Luft und Dampf;

978-3-662-24364-0; 978-3-662-24364-0_OSFO4) is provided:

http://Extras.Springer.com

Additional information of this book

(Das Trocknen mit Luft und Dampf;

978-3-662-24364-0; 978-3-662-24364-0_OSFO5) is provided:

http://Extras.Springer.com

Additional information of this book

(Das Trocknen mit Luft und Dampf;

978-3-662-24364-0; 978-3-662-24364-0_OSFO6) is provided:

http://Extras.Springer.com

Additional information of this book

(Das Trocknen mit Luft und Dampf;

978-3-662-24364-0; 978-3-662-24364-0_OSFO7) is provided:

http://Extras.Springer.com

Additional information of this book

(Das Trocknen mit Luft und Dampf;

978-3-662-24364-0; 978-3-662-24364-0_OSFO8) is provided:

http://Extras.Springer.com

Additional information of this book

(Das Trocknen mit Luft und Dampf;

978-3-662-24364-0; 978-3-662-24364-0_OSFO9) is provided:

http://Extras.Springer.com